印象手绘

室内设计
手绘透视技法

郑超意 编著

人民邮电出版社

北 京

图书在版编目（CIP）数据

印象手绘：室内设计手绘透视技法 / 郏超意编著
. -- 北京：人民邮电出版社，2014.6（2015.8重印）
ISBN 978-7-115-34534-9

Ⅰ．①印… Ⅱ．①郏… Ⅲ．①室内装饰设计—绘画技
法 Ⅳ．①TU204

中国版本图书馆CIP数据核字(2014)第070787号

内 容 提 要

　　本书以室内设计表现为核心，结合透视的基本理论知识，系统、全面地诠释了各种室内空间场景中的透视作图方法和表现技巧，是一本将透视知识与室内设计表现紧密结合的参考书。本书注重整体知识框架的系统化和连贯性，从最基础的线条到综合案例的呈现，从简单的透视术语解释到整体透视空间的表现，由简单到复杂，循序渐进，充分地将室内设计表现知识进行完整的延展和深化，能够对手绘者进行有效的学习指导。

　　全书共分为11章，第1章讲解了室内手绘的表现过程与使用工具，第2章讲解了室内设计与透视，第3章讲解了线与比例，第4章讲解了基础图形透视练习，第5章讲解了体块的形成与明暗，第6章讲解了室内设计阴影与质感表现，第7章讲解了设计中的画面和透视图，第8章讲解了室内单体及组合透视练习，第9章讲解了室内设计透视的应用，第10章讲解了室内空间综合表现，第11章讲解了马克笔表现与透视。全书知识结构严谨，范围宽广，简洁扼要，案例表现丰富且步骤细致。

　　本书适合建筑设计、景观设计和室内设计等专业的在校学生和培训机构，以及对手绘设计感兴趣的读者阅读使用。

◆ 编　　著　郏超意
　　责任编辑　杨　璐
　　责任印制　程彦红

◆ 人民邮电出版社出版发行　　北京市丰台区成寿寺路 11 号
　　邮编　100164　电子邮件　315@ptpress.com.cn
　　网址　http://www.ptpress.com.cn
　　北京天宇星印刷厂印刷

◆ 开本：787×1092　1/16
　　印张：18.75
　　字数：598 千字　　　　　　　2014 年 6 月第 1 版
　　印数：5 001 - 6 000 册　　　　2015 年 8 月北京第 3 次印刷

定价：69.00 元（附光盘）

读者服务热线：(010)81055410　印装质量热线：(010)81055316
反盗版热线：(010)81055315
广告经营许可证：京崇工商广字第 0021 号

前　言

　　本书是我多年室内设计手绘表现课程的教学积累和心得总结，主要讲解室内透视学与手绘表现图的完整结合，使得一张手绘效果图更加严谨、准确、形象、逼真。编写本书的着重点在于加强透视学在室内手绘表现图中的运用，重视透视知识在整体绘制过程中的重要性，纠正学习手绘的不规范现象，使在校学生和从事室内设计手绘的人员对室内手绘有一个全新的认识，能够更科学地帮助读者找到学习室内手绘的途径。

　　学习手绘的主要目的是为了能做出优秀的设计作品，如果我们脱离设计而去谈手绘表现是本末倒置的，甚至是纸上谈兵，所以，我们要做的是在为设计服务的前提下去进行手绘表现，这便是学习手绘的核心。那么，在室内手绘设计的表现中，对画面效果的追求是永恒而不变的，但是，这种效果不仅仅是表现图纸本身的出彩，更是对透视空间的理解和把握。我们需要借用空间的转化来表达自己的设计想法，塑造出较强的空间透视感，建立起一个良好的沟通媒介，在短时间内可以直观明了地表达你的设计理念及情感。同时兼顾客户的需求，可以促使双方尽快达成共识。

　　就本书的内容而论，从手绘最基础的知识开始讲解，逐步深入，由易到难，采取循序渐进的编写程序。同时，结合现代设计元素特点，以大量的精彩实例来诠释各种透视空间的表现技法。希望本书能够为在校学生和设计界的同道提供一个交流与相互学习的平台，让我们一起努力提升自己的手绘表现能力，进而为设计尽一份绵薄之力。

　　在编写本书的过程中，参阅了一些先行专家的有关资料与大作，从中受益颇多，在此深表感谢，也期盼广大专业人士和读者对本书批评和指正。

郏超意于杭州

CONTENTS/目录

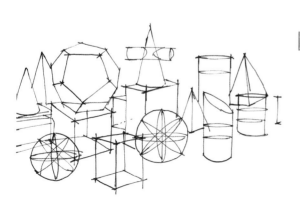

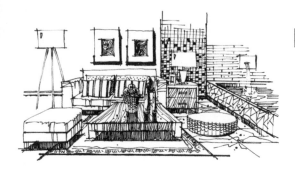

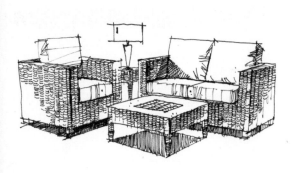

第9章 室内设计透视的应用 ············ 179

策划/编辑

| 策划编辑 | 佘战文 | 版面设计 | 魏琴 |
| 校对编辑 | 秦晓峰 | 美术编辑 | 李梅霞 |

01 室内手绘的了解与使用工具

1.1 室内设计表现的概念及历史

1.1.1 设计的定义

设计的定义据各类词典有许多不同的注解，大概可归纳为：计划、构思、策划、预先制定、草图等。设计的宗旨是以人为本，最终服务于人，不断地满足于人类的需求（物质与精神），通过设计来改善人类的生存环境和生活方式，提升人类的生活品质。因此可以说，设计是一种构思与计划，人类的一切创造都离不开设计，改变生活环境，变革自身与社会的一切行为都是设计。我们周围所能看到的社会环境（建筑、园林景观、道路、工业产品等）都是通过设计构思创造出来的。

设计是一种思考过程，从无到有，从量变到质变，实现突变的一个过程。设计通过方案的实施改变过去传统的思维模式，对现有的观念进行提升，以不断地去完善和改变人类的需求为最终目标。

设计更是一门哲学，通过哲学的思维方式和方法，我们能对设计进行整体的思想把握，不仅仅局限在设计领域的某个局部看问题，还能把设计看作是人与世界建立起来的某种特定的关系，从而解决设计中的诸多问题。

1.1.2 手绘设计的表现历史

手绘设计表现图在国内外古老的建筑学发展史上也具有非常重要的地位，从最早的春秋末期，晋代到唐代的描绘建筑图像开始，以其独特的艺术语言与表现形式记录了中华民族每一历史时期不同的建筑面貌和审美风格。在表现形式上比较写实，铺张豪华，丰富多彩，可谓古代建筑画精品之善。

同样在国外手绘表现历史中，尤其是在文艺复兴时期，一些建筑师甚称全才，他们采用不同的手绘表现技法，各有特质，他们能把设计和手绘表现技法精妙地融为一体。随着绘画技术，透视原理，工具媒介和几何学等科学技术的不断发展，建筑风格特征的形成，对手绘设计的发展起了非常大的作用。

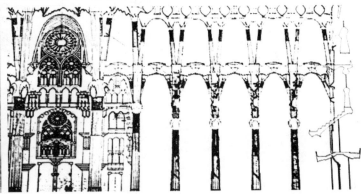

1.1.3 室内设计手绘表现

室内设计手绘表现也称室内设计透视效果图，是室内设计工程图纸中的一部分，它是通过绘画手段直接而又形象地表达设计师的构思与想法，是传递设计信息及设计理念的重要工具。从设计的构图、立意、设计风格，到展现设计整体与局部的处理关系，室内的陈设与布局等各个方面都可以通过手绘效果图展示给人们。同时在手、脑、眼的结合训练上，在思维的灵动与连贯训练上，都可以提升设计师的专业综合能力，所以通过手绘进行设计表达，是每一位准备投身或已从事设计工作人士必须掌握的基本技能。

1.1.4 室内设计手绘表现图的意义

在当今整个室内设计行业中，青睐手绘表现的业内人士与日俱增。手绘表现已然成为今后设计师做设计表现图的一种流行趋势。

在设计方案的发展和规范过程中，经历了从手绘表现转变到电脑表现，继而又回归到手绘表现的过程。历史经验证明，电脑效果图始终无法完全代替手绘图。不可否认，电脑制作可以提高我们的工作效率，使我们的设计图纸更精确化。但是近些年，随着室内设计热潮的高涨，电脑绘制的不足之处逐渐显现，如表现手法公式化，配置的模型单一化，整体效果难以令人满意。对于设计者本身而言，手绘表达是他们运用感性思维以最快速、最便捷的现实方式在图纸上传递设计思路，灵动般的设计语言和表达诠释着手绘设计者的艺术魄力。当然，不论是手绘表现还是电脑表现，一个优秀的设计师都应给予重视，两者都很重要，因为它们有个共同的特点，即都是在为设计提供服务。

1.2 室内设计手绘表现图的过程

1.2.1 室内手绘效果图的概念设计阶段

室内概念设计是设计者对一个空间方案进行一系列有序的、可组织的、有理想性的设计活动，是一个由起初的模糊概念到清晰思路的确定，由粗到精，由抽象思维到具体的表达不断深化的过程。在设计时，应使用简练的线条或块面快速生动地对整个空间方案进行不断推敲和细化。

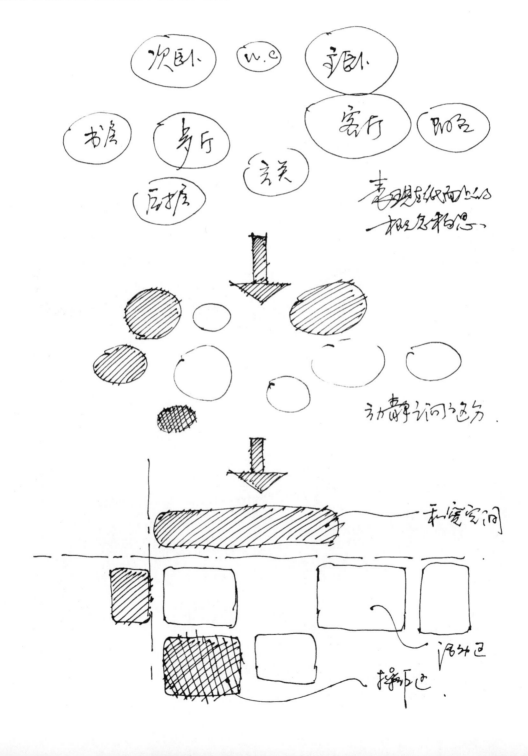

1.2.2 室内手绘效果图的草图阶段

草图阶段亦指设计师在概念设计的基础上对空间的情景进行分析细化,把起初比较模糊的概念通过造型、比例、虚实、节奏等关系进一步推敲,所有的信息都应当在这个过程当中给予描绘出来。在表现内容上,不仅要有平面图的规划,立面图的设计,同时也常常利用透视效果图的空间界面草图进行立体的构思与造型,从宏观的角度去辨别整体空间的主体关系,它有利于后期造型的把握和整体设计的进一步调整与实施,并能更有效地解决空间上所遇到的一些实质性的问题,对此作出独特的解释。此时的表现意义更应该强调使用功能的取向和主题的个性化。

原始结构图   规划后的格局

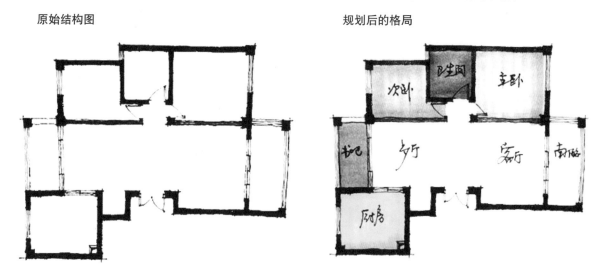

1.2.3 表现图的定稿阶段

效果图的定稿阶段要求画图构图完整、饱满,所表现的空间、造型、比例、材质、色彩关系都应该准确和明确,并且有一定的视觉冲击力和艺术感染力,使之感动,赏心悦目,为此在表现风格上需统一化,能够达到社会审美的共性。在细节的刻画上要求逼真形象,技法娴熟,体现出一个专业设计师的自身的专业理论知识和文化艺术修养。

1.3 室内设计手绘透视图的工具介绍

1.3.1 工具材料简介

室内透视手绘图绘制可以用各种各样的工具来进行表现，目前普遍采用的有以下几种。

1.笔类工具

铅笔：铅笔是最为普通的一种绘图工具，平时使用较多的是HB、2B、6B三种型号。其中H系列为硬，B系列为软，表现图常用中软起稿和画草图，亦深亦浅，比较容易涂改。其炭笔也可归类于此类，色黑深沉，适合作素描表现。当然还可以用自动铅笔，室内一般使用铅芯直径为0.5mm或者0.7mm的自动铅笔，其线条清晰，能保证画面干净，而且使用时比较便捷。

铅笔表现作品

钢笔：钢笔不仅是人们普遍使用的书写工具，同时也是设计师勾勒草图设计方案和快速表现的工具，笔趣变化均在笔尖上，画出来的线容易出效果，尽管没有颜色，但画的风格较严谨。在透视技法中，钢笔除了能绘制出物体的结构轮廓外，细部的刻画和面的转折也能做到精细准确，有一种特殊的画面氛围。由于钢笔绘图具有不可修改的特点，所以在我们下笔画之前要心中有数，对画面整体的布局，结构和透视关系在脑子里面一定要有一个清晰的画面感，能够很好地安排线条的走向和排列，最终实现较好的画面效果。

钢笔表现作品

针管笔：针管笔是设计制图中必备的重要绘图工具，一般有两种：一种是墨水针管笔，另外一种是一次性的针管笔。针管笔普遍用于勾勒线条或者是通过线条的排列组合或者点与点的疏密关系来表达物体的虚实变化与明暗关系。因为其笔尖的特殊构造，画出来的线条均匀没有粗细变化，只能通过不同型号的笔来完成画面线条的粗细组合，所以针管笔的型号比较多，一般是在0.1~0.5mm之间，可根据画面的绘画需要进行任意的选择，所以针管笔是画透视稿件的首选工具。

墨水针管笔

一次性针管笔

针管笔表现作品

彩色铅笔：用笔方法和铅笔相近，颜色较为透明，通常会选择水融性铅笔，上色后用水涂抹，会有一种水彩的感觉，但是要求纸张是较为浑厚、颗粒较粗的。

彩铅表现作品

马克笔：多为进口，色彩系列丰富，多达到数百种。其主要分类为水性和油性两类。油性马克笔相对饱和，挥发快，画面风格豪放，类似于草图和速写的画法，适合在任何的纸张上面作画，是一种商业化的快速表现技法。

马克笔表现作品

水性双头马克笔

油性马克笔

我们选用两张透视图来做比较，一张是线稿，另外一张是用马克笔上色后的效果。

其他画笔工具：在绘制草图时，很多时候也可以用到软笔、签字笔、油画棒等特殊型材的画笔，其画面表现效果也比较特别，能呈现出丰富多彩的画面感。

2.纸类工具

纸张的选择应随作图的形式和视觉感来确定，绘画必须熟悉各种不同性质的纸。一般来说，应选用质地密实，且吸水性较好的纸张。

素描纸：纸质较好，表面略粗，易吸铅笔线，耐擦，适合画些较为深入的素描练习和彩色铅笔表现图。

水彩纸：正面颗粒较粗，吸水性强，比较适合描绘一些精致的画面效果。

水彩纸表现效果

水粉纸：和水彩纸相比比较薄，吸色比较稳定，但是不宜多涂改，不耐擦。

水粉纸表现效果

复印纸：一般是各种办公设备用纸，一般以A0、A1、A2、A3和A4等标记来表示纸张幅面规格。在练习手绘透视图时，一般会选择A3和A4居多，因为尺寸大小合适，比较容易把握。其纸面光滑，比较薄，手感柔软，适合多种不同型材的画笔。因市面上价格便宜，是我们练习绘制透视图的不错选择。

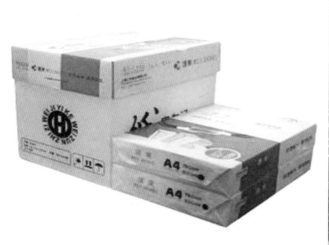 

马克笔纸：它是针对马克笔的特性而设计的绘画纸张，一般为进口，纸质厚实，光泽度高。其对马克笔的色彩还原较好。我们所常见的有单张的，也有装订成册子的，携带比较方便。

拷贝纸：是一种生产难度较高的文化工业用纸，一般为白色，因为其透明度较高，所以会用到一些重复同样透视图的绘制。

硫酸纸：硫酸纸是一种比较特殊的纸质，看上去比较纯净，且透明度较高，被广泛运用到手绘制作设计图中。由于它呈现半透明状，且对油脂和水的渗透抵抗力强，但透气性差，所以在用马克笔表现时很难吸附，色彩的再现也比较差。

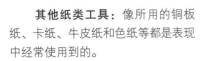

其他纸类工具：像所用的铜板纸、卡纸、牛皮纸和色纸等都是表现中经常使用到的。

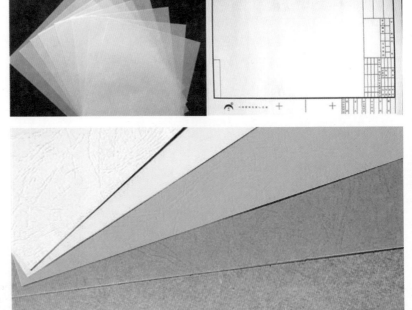

3.颜料工具

水彩颜料: 水彩是传统的着色工具,它具有明快,透明度高的特点,与水调和,其色度与纯度和水的加入量有关,水愈多,色愈浅,能体现出画面独一无二的渲染效果。当色彩重叠时,下面的颜色会透过来,即使长期保存也不易变色,所以水彩表现是现代很多著名设计师热衷的表现方法。

水粉颜料: 又称广告色,它是由颜料粉、白粉、胶和水按一定的比例混合而成的,属于不透明的水彩颜料。可用于较厚的着色,大面积上色时也不会出现不均匀的现象。虽然同属于不透明水彩颜料,但水粉一般要比丙烯便宜,但在着色、颜色的数量以及保存等方面比丙烯稍逊一筹。另外,也可以尝试下用丙烯颜料和纤维颜料,应根据不同用途选择性地使用。

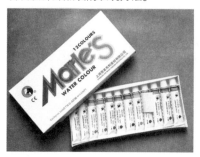

4.其他辅助工具

其他常用的辅助绘画工具有三角尺子、比例尺、丁字尺、曲线尺、蛇尺、模板、调色盒、剪刀、橡皮、胶带纸、透明胶、刀片、电吹风等。

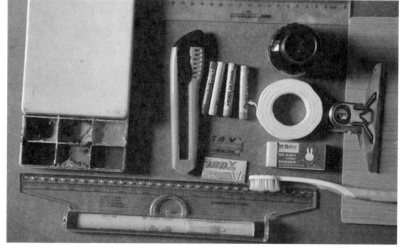

同时,创造一个良好的工作环境也是十分必要的。绘画者结合工作条件,创造一个幽雅的绘图工作台,这样绘画起来会更加方便。

1.3.2 正确的绘图姿势

手绘表现创作对握笔、用笔的姿势是有一定要求的，当然，这个是根据平时绘图者用笔的习惯所决定的，但是正确的握笔姿势是画好一张手绘透视图的前提。从专业学习的角度来说，建议大家按照以下的方法来进行练习。

1.握笔方法

正确的握笔方法

在正确的握笔方法示范中可以看到，握笔时笔杆放在拇指、食指和中指的3个指梢之间，食指在前，拇指在左后，中指在右下，食指应较拇指低些，大拇指和食指自然弯曲，形成椭圆状，手指尖（食指）应距笔尖约3cm。中指的第1关节从后面抵住笔杆，笔杆斜靠在虎口处，无名指和小指一齐弯曲，依次靠在中指的后面。笔杆与纸张保持60°的倾斜，掌心虚圆，指关节略弯曲。要注意用笔力度，应尽量放松而不可过分用力。

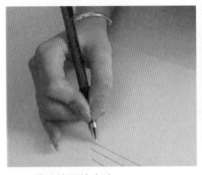

错误的握笔方法

上面介绍的标准握笔、用笔姿势是非常简单的，一定要养成一个良好的握笔和用笔的习惯。对于初学者来说，确实有些时候不太适应，甚至是很别扭，于是在不经意间就养成了错误的握笔用笔习惯，形成了错误的姿势，以后就很难调整过来了，那么直接就会影响到了画面所表现的效果。下面介绍几种经常会出现的错误握笔和用笔姿势。

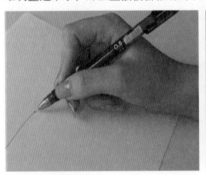

2.坐姿

除了握笔和用笔之外，良好的坐姿也是很关键的。我们在表现一张手绘图时，要求先坐好、头正、肩平、胸稍挺起，身体稍微往前倾，并与纸张保持在同一直线上；腰要挺直，使眼睛与画面之间保持一定的距离，这样有利于对画面的整体观察；两肩自然下垂，尽可能地放松下来，手臂能够自然地来回摆动。

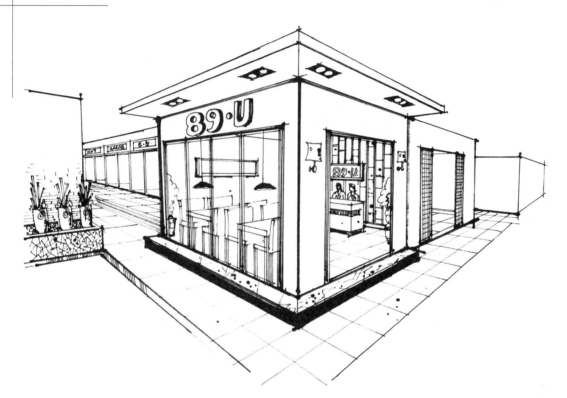

02 室内设计与透视

2.1 透视的基本概念

2.1.1 透视的含义

透视一词源于拉丁文perspclre
（看透），含义为透视感、透视方
法、透视图等。

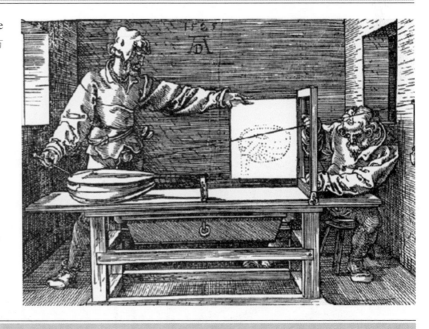

2.1.2 什么是透视

透视的最初研究是通过一块透明的平面去观察景物的方法，并借此研究在一定视觉空间范围内所形成的景物状
态，将在平面画幅上根据一定的图形产生的原理和变化规律，通过线条来表现物体的空间位置、轮廓和投影，完成三
维空间的表达。

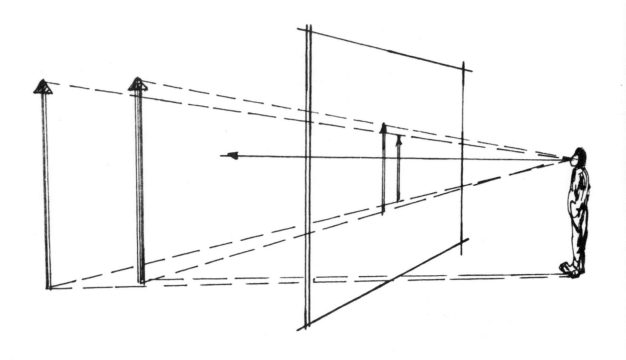

2.1.3 透视的研究对象

绘画是在一张平面画纸上绘制出绘画者对平面景物图形产生的空间距离感和凹凸感，一幅优秀的的画面，会使观者产生一种跨过画框就能进入画面深处的感觉。

一般画面中的立体感和空间距离感可以用以下几种方法来表现。

1.图形的重叠关系

将画面中的各种形体画成前后重叠状，会使人感到形体完整的在前面，被前面形体遮挡的形体会在后面，物体的层层重叠会让人感觉到一层比一层更远，不产生重叠关系的形体就像在同一个平面上。

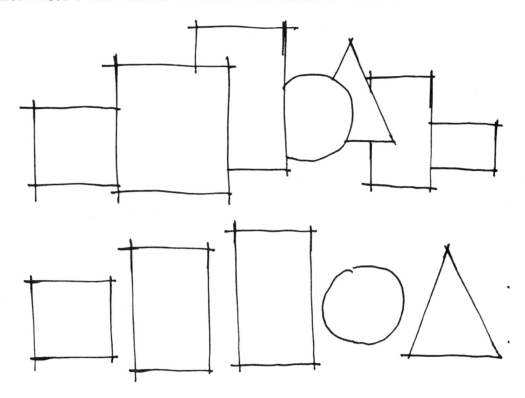

2.距离的远近关系

物体由于受距离的增加，而造成的明暗对比和清晰度随距离的增加而减弱的现象。

3.色彩的关系

由于物体受大气或空气的阻隔产生变化，造成物体的色彩冷暖变化的现象。近处色彩倾向明确，远处色彩倾向模糊，近处色彩偏暖些，远处的偏冷些，这样就形成了空间感。

2.1.4 空间的主要分类

1.一维空间

在视觉艺术中，凡是在一定的空间位置中存在的点、线现象，这种空间即为一维空间，也称一元一次空间或一度空间。

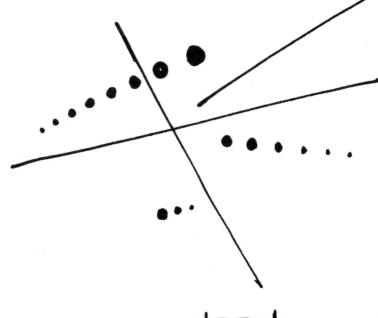

2.二维空间

在一定空间位置中由线的有序排列组合成的平面，称为二次空间或二度空间。

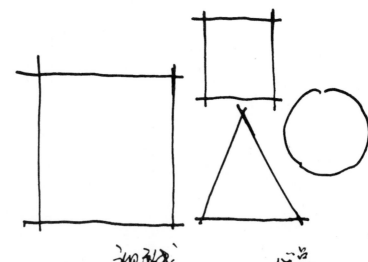

3.三维空间

与平面的垂直方向的纵深面形成立体状态的空间，称为三维空间。

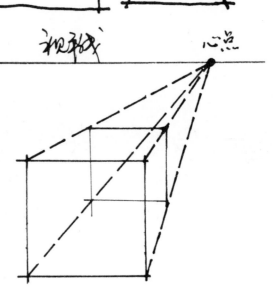

2.1.5 透视的基本术语和作图框架

在学习透视原理和绘画之前，应对透视的常用术语及作图框架有一定的了解。

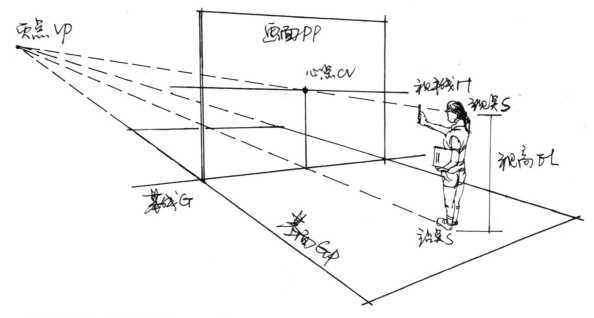

视点（目点）：画者的眼睛位置，用S来表示。

视线：过视点向景物上的某一点所引的连线叫视线。视线是作图时假想的直线，根据作图需要可以任意引用作为参考线。

视角：在绘画过程中使用60°上下左右的范围的视觉角度。

视中线：视点引向景物任何一点的直线为视线，其中引向正前方的视线并与画面垂直为视中线，平视时与地面平行，俯、仰视的视中线倾斜或者垂直于地平面。

主视线：指视者视线水平引向地平线的中心视线。

画面（PP）：假设的画者与被画物之间的透明画图平面，被画物上各个关键点聚向视点的视线，将物体图象映现在透明平面上，其平面称为画面。画面须平行于画者的颜面，垂直于视中线，且平视的画面垂直于地平面，俯、仰视的画面倾斜或平行于地平面。

基线（GL）：画面与地平面的交线，即取景框的底边。

基面（GP）：基面是透视学中假设的作为基准的水平面。

视高：平视时，视点至被画物体放置面的高度，在画面上即基线至地平线的高度。

视距：视点至画面中心（心点）的垂直距离。

视平线（HL）：经过心点所作的水平线。

视平面：视点和视线所在的平面为视平面，平视的视平面平行于地面，斜俯视或斜仰视的视平面倾斜于地面，正俯视或仰视的视平面垂直于地面。

心点（CV）：视中线与画面的交接点，且视中线必与画面垂直。

主点：指视者的主视线与画面的交点。

距点：在画面上以主点为圆心，视距长为半径作圆线，在此圆线上的任意点，一般都可以称为距点，距点有两个，左右两个距点到主点的距离和视距相等，它们是与画面成45°角的平变线的灭点。

变线：与画面不平行的直线，映现在画面上透视方向发生变化，要么指向远端的某个消失点，要么终止某个消失点，且互相平行的变线公用一个消失点。

灭点（VP）：凡是不平行于画面但相互平行的直线，其最终形成的透视投影向远方汇集于一点，这个点便是灭点，包含主点、距点、余点、天点和地点。

灭线：与画面不平行的平面无限远伸，在画面上最终消失在灭线上。

2.1.6 设计透视图的基本类型

在我们绘制设计图时，需要从物体、画面、视点和视向之间的关系加以考虑，不同的画面与物体的位置关系产生不同的设计透视图的类型。

以物体与画面位置划分透视类型，一幅设计透视图，只能有唯一的视点和视向，考虑物体和画面的关系，那么我们常见的手绘透视图可分为一点透视、两点透视和三点透视3种不同类型。

下面我们简单地介绍一下这3种透视。

1.一点透视

从物体与画面的关系上看，任何物体都是由一定的长、宽、高3组不同的棱线组合而成棱线或各个平面，如果其中一组面（或是两组棱线）与画面处于平行状态，那么另外一组棱线处于垂直画面的位置，在这种情况下就叫平行透视。由于在平行透视中只有垂直于画面的棱线有灭点，并且只有一个灭点，因此平行透视也叫一点透视。

2.两点透视

如果物体没有一组面和画面平行时，出现两组面与画面形成一定的角度，且两个角度相加值为90°，在这种情况下形成的透视图为成角透视。在平视中，由于成角透视中所有平行于基面的线都会消失在左右两个消失点，故成角透视也称为两点透视。

3.三点透视

当视心线向上或向下倾斜于基面时，物体上没有一组棱线平行于画面，三组棱线都与画面相交成三个灭点。在三点透视中，当成角透视呈现俯视情况时，所呈现的透视图称为成角斜俯视，成角透视呈现仰视情况时称为成角斜仰视。

正俯视和正仰视时，物体上只有垂直于基面的棱线与画面相交，所以正俯视和正仰视也称为一点透视。

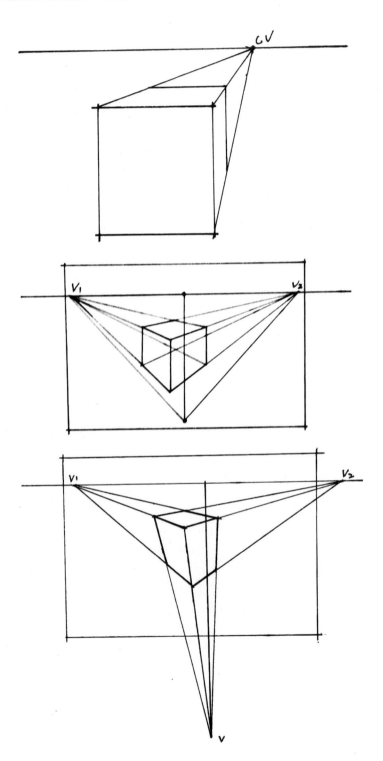

2.2 透视在室内设计表现过程中的重要性

　　透视的原理和作图方法在室内手绘表现中起到非同一般的作用。首先，透视的准确起到了对形体有效的把握，而形体的准确恰恰是室内手绘表现的重要手段，是画面效果的基本保证，使我们所观看到的画面更符合人们视觉的合理性和规范性，学好透视基础可以快速地帮助我们控制画面，提升表现技法。其次，我们可以通过透视图对设计方案做进一步的推敲，更好地体现我们的设计意图，尤其是在进行草图创意阶段，利用透视图从多角度去推敲整体方案的立意是设计师最常用的手段，也是完成优秀设计关键的一步，所以通过大量的实际练习并掌握透视的基本规律，最终达到灵活处理画面的效果及淋漓尽致地表现设计创意。

2.3 一点透视图

一点透视在室内空间表现图里是最常用到的，因为一点透视绘制出来的画面具有平稳、稳重等视感，透视的纵深感强，表现范围比较广，场景深远，主次分明，且绘制起来比较容易掌握，但是处理不当就会使画面显得呆板。

2.3.1 一点透视的基本概念与特征

1.一点透视的概念

一般是以方形为例，其中一个面与画面保持平行，其他与画面垂直的平行线只有一个主向灭点，在这种状态下投射成的透视图称为一点透视。

下面我们以立方体为例，用手绘的方式来示范出一点透视。

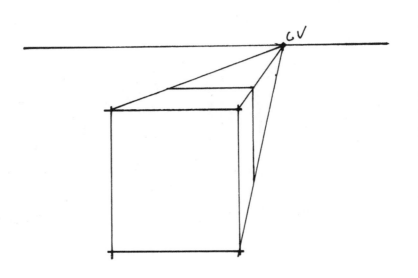

（1）首先选择一个立方体的面与画面平行。

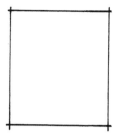

（2）确定视平线的位置。

（3）确定灭点的位置。在一点透视中只能确定一个灭点。

（4）确定观看物体透视的角度，是平视？俯视？还是仰视？我们先确定立方体在视平线之下。

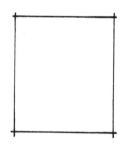

（5）将立方体与画面平行的那个面上的所有的点连接于灭点。

（6）确定立方体的深度。一点透视的深度通过距点可求得。

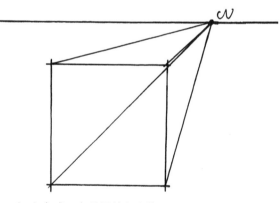

（7）完成一点透视的立方体。

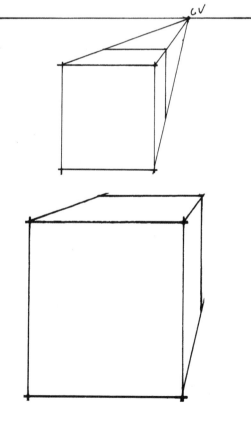

2.一点透视的基本特征

如下图，在透明的玻璃板画面后平放一个立方体和一个方行平面，立方体的两对竖立面，有一对同画面平行，则又称为平行透视。通过对下图的绘制和理解，可以得出一点透视的基本特征。

一点透视的放置状态

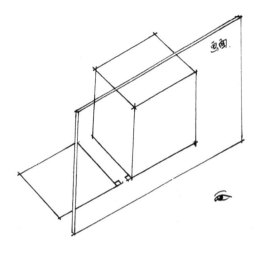

一点透视的透视状态

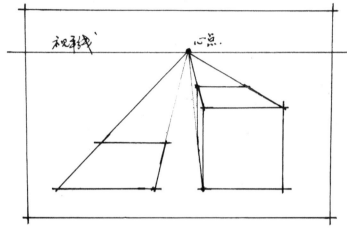

一点透视的特征有以下几点。

第1点：不管呈现何种位置，一点透视只存在一个消失点（主点）。

第2点：立方体平面的两对棱边与画面平行。

第3点：垂直于画面直角水平线的A边向心点消失。

第4点：平行于画面且与基线垂直的棱线C边透视仍然垂直。

第5点：平行于画面又平行于基面的棱线B透视仍然保持水平。

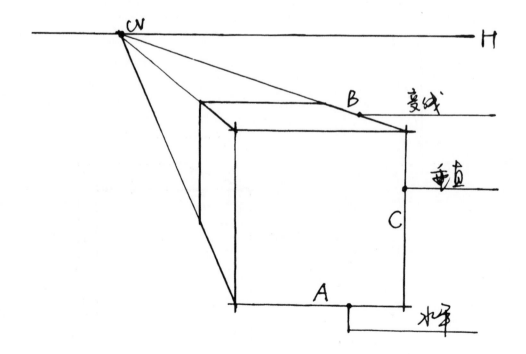

2.3.2 一点透视的3种线段方向

立方体的三组棱边，每组4条相互平行分别代表立方体的长、宽、高的方向和尺寸。

立方体的平行放置

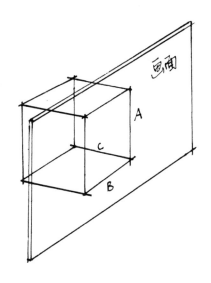

立方体的一点透视状态

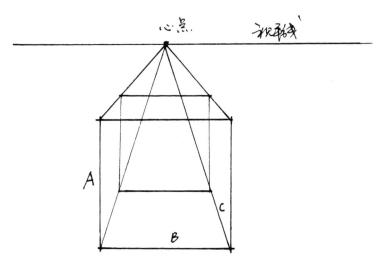

方体成一点透视状态放置，三组边线的透视方向分别为：A边平行于画面的垂直原线，透视方向为垂直。B边平行于画面的水平原线，透视方向为水平。C边为与画面垂直的变线，透视向向心点汇聚。

一点透视的立方体透视图3种边线的透视方向分别是：垂直、水平、向心点。

垂直、水平、向心点是一点透视单体边线的透视方向，也是多件方体组合成一点透视场景中线段的透视方向。要画一幅一点透视场景时，一般会建议绘制者按上图的要求去想象、去画，有助于画好空间的透视效果。

沿着这些网状线条的3种方向就可以完整地勾画出空间物体的轮廓线和物体与空间之间的关系。

A图：面对一张画纸，定好视平线和心点的位置，设想一张空白的画纸上布满了由竖线、横线以及由中心发射出的线组成的网格状。

B图：当我们去画一些复杂的形体时，可以通过这些所发射出来的线去寻找我们所要绘制的形体，因为这些物体的轮廓都"隐藏"在网格线条中。

C图：通过向心点的线条能将绘画者的视线引向纵深，从而对平面的画纸产生三维的视觉感应。所以初画一张透视图时，一般都会先从向心点去引一些辅助线来帮助我们去理解空间的透视感。

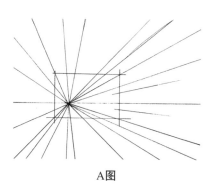

A图

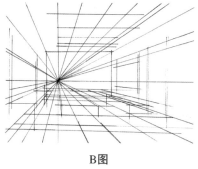

B图

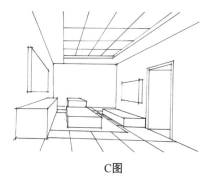

C图

2.3.3 一点透视图的分析

通过上面的透视空间感的练习与感受，我们可以得出一点透视的基本规律。

规律1：一点透视立方体的水平面与视平线

如图中，以视平线为界，水平面在视平线以下方可见顶面，如立方体4、5、9、13，在上方可见底面，如立方体6、2、1、10。水平面距离视平线越远，水平面透视越宽，反之越窄。水平面与视平线同高时，缩为一条直线。直角水平变线越靠近视平线的越平，反之越斜。

规律2：一点透视立方体的侧立面与主垂线

如图中，以主垂线为界，侧立面在其左方的可见到右面，在其右方的可见到左面。同样大的侧立面，距主垂线远的宽，距主垂线越近透视越窄。如果侧立面与主垂线重合，则缩为一条线。直角水平变线，离主垂线越近越斜，反之越平。

规律3：一点透视立方体与灭线

如图中，同两条灭线都不接触的一点透视立方体，能见到3个面；同一条灭线接触的一点透视立方体，能见到两个面；同两条灭线都接触的一点透视立方体，只能见到一个面。

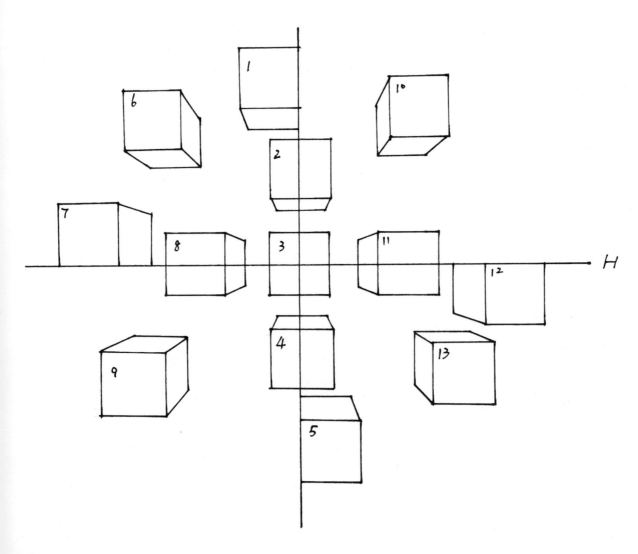

2.3.4 一点透视网格线的练习

要想捕捉到画面表现的空间感，必须要对透视物体变化后的一些透视线进行把握，那么画好一幅完整的透视效果图，应对透视网格线进行反复的练习，在不同空间的变化下，产生的透视网格线的状态是什么样子的。只有不断地去练习和感受，才可以提升对透视空间物体与物体之间，物体与空间之间关系的把握及捕捉到空间透视的准确性。下面我们试着给自己设定一些画面空间，然后从向心点出发，画出大量的透视线条来。

我们先确定画面中的视平线和灭点位置，然后从灭点出发画出向四周发射的透视线。

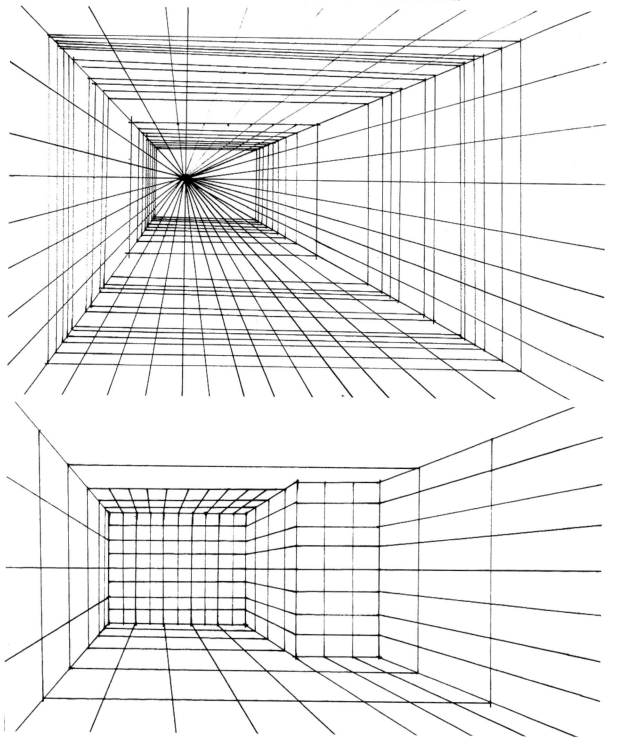

2.3.5 一点透视空间感的练习

空间透视感是我们练习好整体透视效果的基础与想象力,我们要把一些有形态的物件绘制在一个产生透视的变化空间里,是需要大量的透视感练习和想象的。那么画面上一些错综复杂的形体如何组织在一起呢,接下来我们要进行一些简单的透视空间感的练习。先拿最简单的立方体来绘制,确定好视平线和主点,在其上下左右分别能看到哪几个面,这种练习的目的在于一个形体在不同视角和视线的变化下所产生的透视感觉。

练习1:先练习一组立方体在视平线上下左右的4个角度。

练习2:再来练习一组在视平线中间,上下左右的立方体的9种角度。

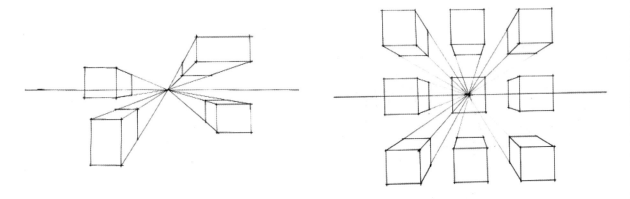

练习3:利用上述所讲的方法,尝试着把整张纸画满来加强其透视空间感的培养。

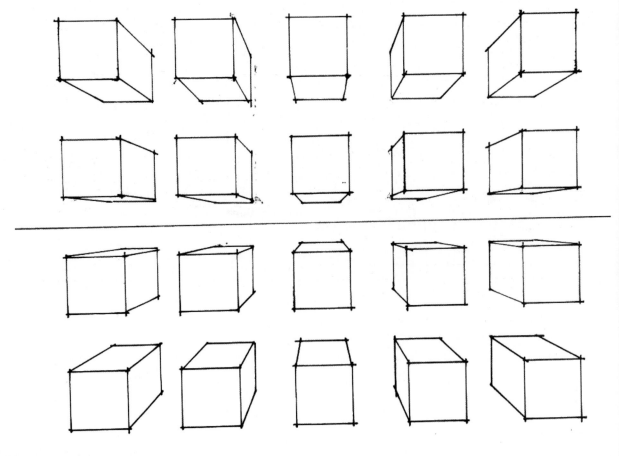

2.4 两点透视

上节内容讲了一点透视的基本原理，基本绘图步骤和如何运用到室内表现图中。那么在选择表现透视效果图中除了一点透视之外，两点透视也是透视绘画中较为常见的一种表现手法，它更能充分地表现形体，更具有真实性。其构图变化丰富，形式感较强，重点突出，整体画面比较有节奏感。本节内容我们依然以方形物体为表现两点透视的载体。

2.4.1 两点透视的基本概念和特征

1.两点透视的基本概念

如果室内物体仅有垂直方向的线条与画面平行，而另外两组水平线条与画面呈现一定角度，且两角相加为90°，两条不与画面平行的两组水平线条（称为变线）会分别向左和右消失在视平线上，这种情况下形成的透视图称为两点透视。由于两组变线与画面形成角度关系，所以也称为成角透视。

和一点透视相比较，其实两点透视主要是观察物体的时候角度发生了变化，一点透视是站在物体的正面观察，而两点透视是不站在物体的正面观察，与物体形成一定角度，所以观察到的物体的面就发生了变化。如下图1是在一点透视的情况下看到的正立面图；下图2则是移动了视点位置，形成了一定角度的透视效果，从这张图上我们可以清晰地看到除了垂直线条依然垂直于画面，水平方向的线条都发生了一定的变形，分别向左右两个余点消失，并消失在视平线上，这就是两点透视。

图1 一点透视图　　　　　　**图2 两点透视图**

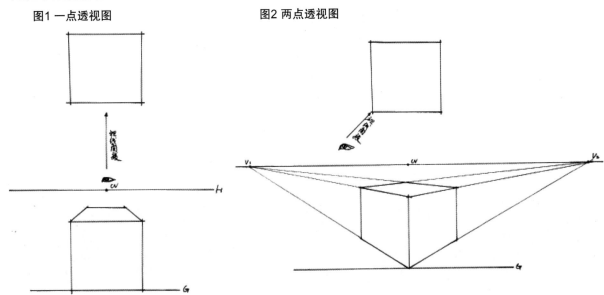

下面先以立方体为例画出两点透视。

（1）确定视平线和画面。物体视平线的确定主要是依我们是以什么样的角度去观察这个物体，是平视？俯视？还是仰视？这个主要取决于我们所表现的内容。

（2）确定视平线上的灭点位置，注意两点透视要确定两个灭点。

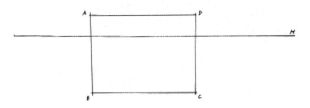

（3）确定物体的垂直线条，将垂直线连接于视平线上的左右余点V1和V2。

（4）确定物体的深度，并完成立方体的两点透视。两点透视的深度可通过测点来求。

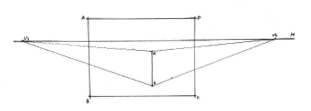

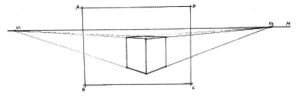

2.两点透视的透视特征

如下图A，方体框架的两对竖立面对画面都不平行，与画面分别成角1和角2，两角相交为90°，互为余角，所以两点透视又称为余角透视。

分析其3组边线的透视方向：c边为平行于画面的垂直边线，透视方向为垂直；a边和b边为平变线，同画面分别成角1和角2，向左右前方延伸，其透视方向在左右余点上。

下图B中，两点透视方体透视图的3种边线的透视方向是：c边垂直画面，a边向左余点，b边向右余点。

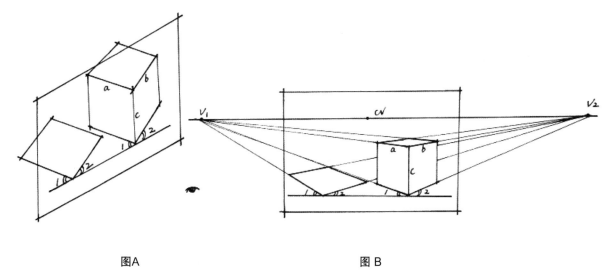

图A   图B

在画两点透视的室内场景时，对众多相互平行的方形物体和空间，应该把握3组边线垂直，以及向左余点和右余点的透视方向，就能画出平稳不翘，排列有序的空间场景构图。

下图为两点透视场景画法示意，左右余点和垂直的3种线段，构成两点透视的场景图。

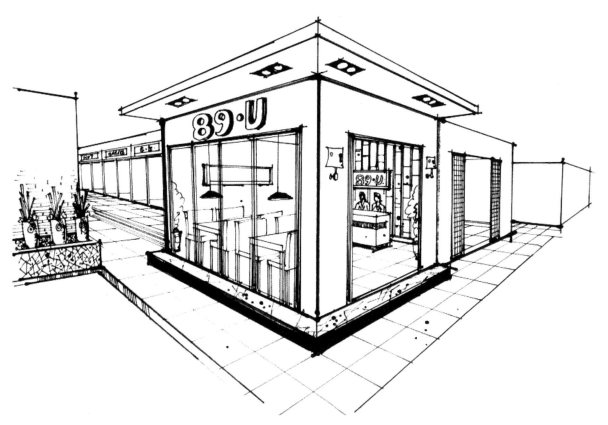

2.4.2 两点透视视感的练习

两点透视是室内设计表现中最为常见的透视图，想要理解和掌握两点透视空间的规律以及变化，需要进行大量的两点透视图来训练，以培养并捕捉我们对两点透视的透视感。下面试着给自己设定一些画面空间，然后画出不同角度状态下的透视图来。

练习1：下图的练习主要针对5个不同角度的不同体块进行透视练习，使得我们能够灵活地掌握两点透视在不同视角的情况下发生的透视变化，同时可增强两点透视的透视感。

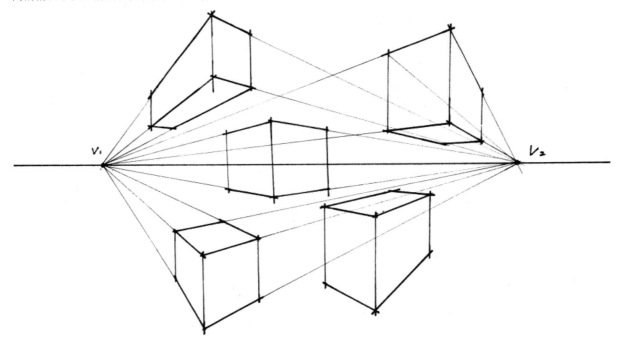

练习2：下图的练习是由9个立方体体块分别在视平线的上、中、下和左、中、右的角度中所透视出来的效果。在我们绘制两点透视图时，下图的9种角度基本上诠释了所有应用到表现两点透视图的角度呈现的透视状态。

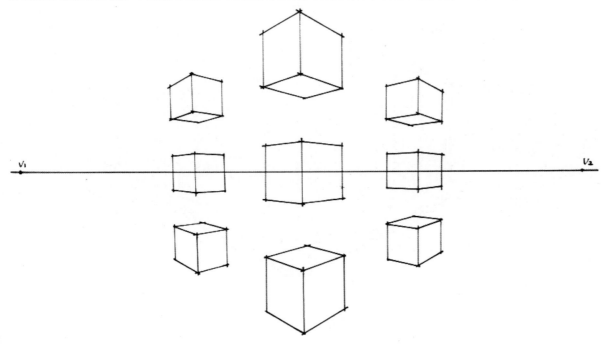

练习3：在这组透视感练习中，是多个立方体块消失点和视点的统一。

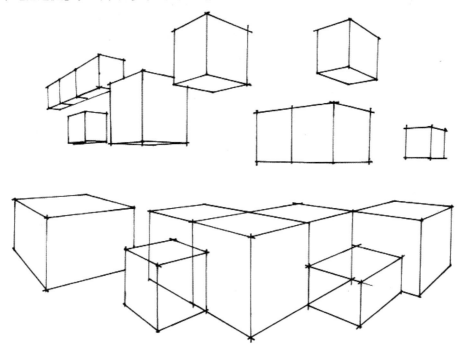

练习4：下图为45°视角的两点透视的记忆方法训练。这种同一点透视记忆的训练方法在两点透视中是最基础的一种训练，尽量绘制出和自己预想的形体比例差不多的形体。通过仔细的观察和绘制，我们不难分析出两点透视在画面上形成的基本规律，就是两点透视场景的3灭线。

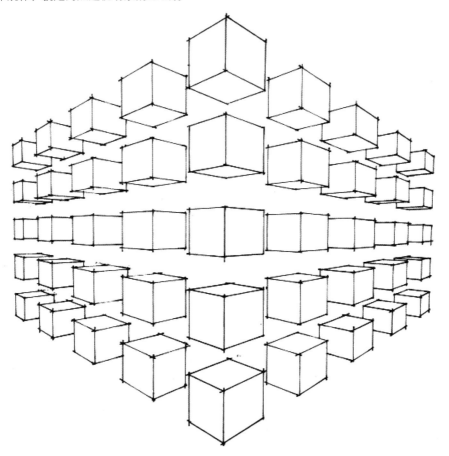

2.4.3 两点透视的基本规律

通过上面练习4的学习，可以发现同一个物体在画面上发生了有规律性的远近变化，下面将对练习4中几个有规律的面进行提炼和绘制。

两点透视立方体的3条灭线

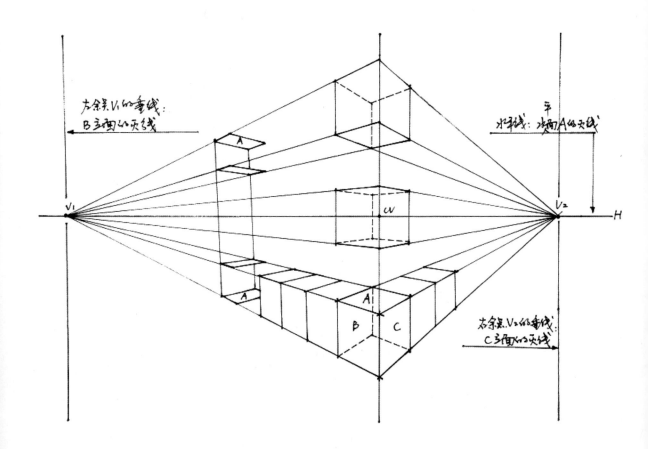

规律1：立方体3组围合面的变化

A水平面的边线向视平线上的左右余点消失，灭线为视平线。B是左立面，其边线一对向左余点消失，一对垂直于地面，灭线是左余点垂线。C是右立面，其边线一对向右余点消失，一对垂直于地面，灭线是右余点垂线。视平线、右余点垂直线和左余点垂直线这3条灭线，控制了两点透视方体围合面的朝向和透视的宽窄。

规律2：两点透视立方体水平面的宽窄变化

如上图所示，平方的A水平面的灭线是视平线，处在视平线上下的A面相当于方体的顶面和底面。相同远近的立方体上下移动位置时，距离视平线越远的越宽，距离视平线越近的越窄。和视平线等高的水平面的透视是一条水平直线。

规律3：两点透视立方体竖立面的宽窄变化

如图所示，左立面B和右立面C的灭线分别是左右余点垂线，各竖立面离各自余点垂线距离越近的越窄，距离越远的越宽。

2.4.4 两点透视三种状态的透视特征

在两点透视的手绘表现中，根据所表现的场景重点内容不一样，所选的透视角度也是不一样的。两点透视中的45°视角是比较好掌握的角度，但45°视角并非适用于一切室内场景的手绘，这就需要我们能大致熟悉并掌握不同视角状态下的形体透视变化规律。

下面以立方体为例，讲解一下两点透视的立方体在不同角度变化下所发生的状态及透视宽窄变化。

角度1：立方体的两竖立面与画面形成a、b两个角度，其两个角度相差甚大。两个余点的位置经常是一个在画框之内，另一个在相反方向较远的地方。在这种角度的生成状态下，余点较远的竖立面看上去很宽，而余点近点的竖立面看上去则很窄。

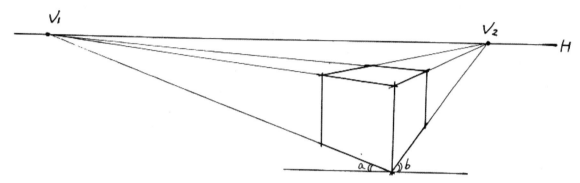

角度2：立方体的两竖立面与画面形成a、b两个角度，大小差不多。两个余点的位置在角度1的基础上，余点1的距离缩短，而余点2的距离变远。在这种角度的生成状态下，余点较远的竖立面看上去稍宽，而余点近的竖立面看上去稍窄一些。

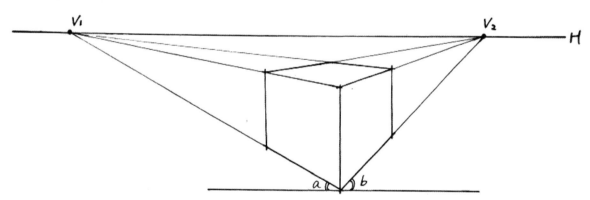

角度3：立方体的两竖立面与画面形成a、b两个角度，其两个角度均为45°角。在这种角度的生成状态下，两个余点的位置离心点的距离相等，两竖立面看上去宽窄也相等。

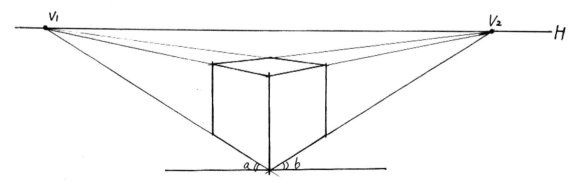

2.5 透视在室内手绘中的作用

透视在表现效果图中的地位好比是人的骨架。如果我们把握不当，画面就会出现结构松散，空间凌乱，杂乱无章的状况，导致整个画面失去立体感。一张优秀的效果图必须建立在透视准确的基础上，所以只有掌握了透视的基本规律，才能判断出所描绘的对象形体发生了什么变化，以及如何变化等这一过程。在我们构思时，正确理解和灵活运用透视的法则，能够表现出丰富多彩的空间视觉效果，使作品更准确，更具有艺术感染力。透视在室内设计专业领域中所体现的价值主要体现在下面几点。

2.5.1 有利于模糊概念的视觉化

当设计师接到一个案子时，需要将一个预想的设计概念进行分析和转化，不断地去进行深入和提炼，变为可视的设计草图，那么最好的途径就是画手绘透视图，在这个过程中，设计师的创意灵感会一一表现出来，将特定的空间及空间关系利用透视原理和方法给予表达，形象而又真实地反映出当初所设想的情景和创意效果。

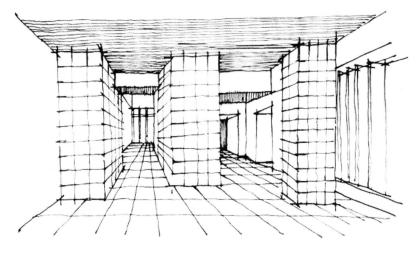

2.5.2 有利于对空间概念的培养

通常设计师要借用空间的转化来表达自己的基本想法，塑造出较强的空间立体感觉，让观者能直接有效地看懂设计师的构思与创意，建立起一个良好的沟通媒介。所以，透视学的基本理论和绘图方法是每个设计师所具备的专业知识，它有利于你正确地去判断和表现空间场景的立体感觉，并发现其形体的变化规律，从而提升对空间变化的认知和空间景物在特定范围内的想象与表达。

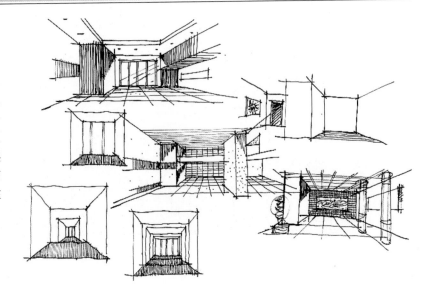

2.5.3 有利于拓宽设计思维

　　设计是一个创造思维的过程，设计师通过画草图的表现形式来进行阐述自己的设计观点，反映出了设计师的思维活动。其思维或者是想象，会直接影响到最终的设计效果的优劣。而设计师思维的拓宽需要大量的快速草图构思来完成，这就需要设计师具有快速且直观的草图表现的能力。对于室内设计师而言，一定要了解空间的概念，只有了解到空间的变化关系，才能真正地了解设计的真谛。那么，设计师将如何才能准确生动地表现出室内空间的变化关系呢？只有具备准确的透视知识，才能体现空间的设计与表达，哪怕是简单的几笔勾勒，只要你所表达的物体透视关系正确，自然而然地就会产生真实的画面感。

　　作为一名出色的室内设计师，对于设计思维的训练是必不可少的，所以需要大量的草图勾画来实现，这就需要设计师具有快速而且直观的草图表现能力，哪怕是很简单的寥寥几笔，也能表现一个形体的真实性，当然这个一定是要建立在正确的透视关系之下的。所以深刻理解设计透视中的基本原理，熟练运用透视原理的作图方法，能有效地提高设计师快速、准确地表现创意的能力，能增强在设计表现中的信心，并最终促进设计思维的拓宽。

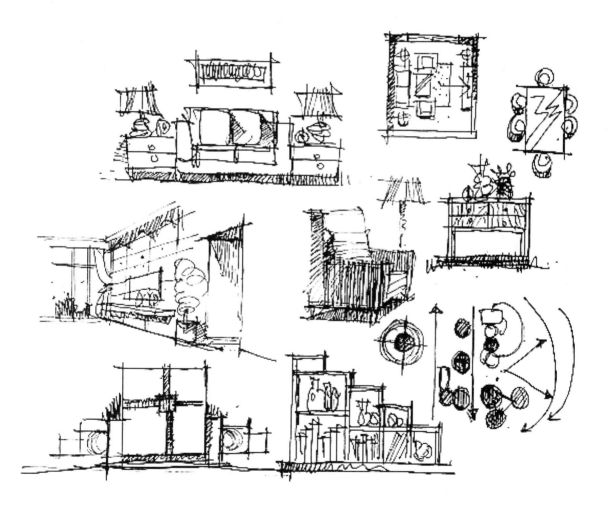

2.6 透视的基本原理与室内应用

2.6.1 视平线

1.视平线的概念

视平线是指视平面与画面的垂直相交线,它是视平面的灭线。在平行线中,以画者为中心,会有无穷多个方向,每一个方向都会消失在一个灭点上。

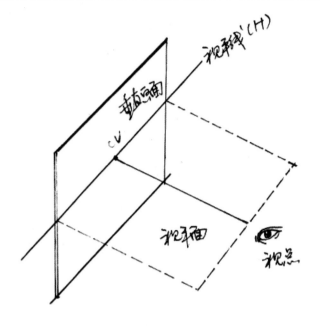

2.视平线的作用

下图中的3个灭点位于一条直线上,那么这条直线就是视平线。一般在绘制的过程中不会很明显地把视平线画出来,但是绘制的时候脑子里一定要有这根视平线,因为视平线是画好一张透视草图的坐标,尤其是在室内表现或者是风景写生的训练中起着非常重要的作用。同时在绘制透视效果图时,还可以利用视平线来检验画面中的线段是平的还是斜的。在平视、俯视或者是仰视的情况下,一般都以视平面为测定被画线段是平还是斜的基准。

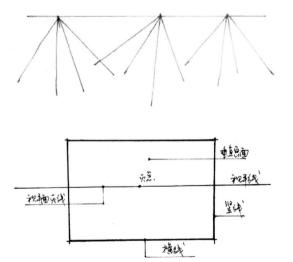

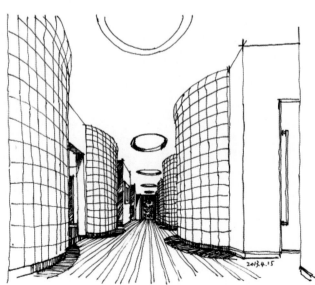

3.视平线的高度

视平线的高度是指视点到基面的垂直距离，也就是指观察者眼睛离地面的高度。视平线的高低对观察者观察到的物体会有不同的感受，在绘制的过程中，视平线是一个主观的概念，可根据画面的需求确定视平线高度的位置。

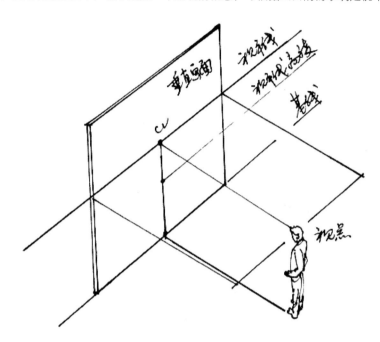

不同高低的视平线，产生的效果也不同，视平线的选择对画面起着支配的作用。在室内透视图中，视平线的高低直接影响到我们在某一界面的突出表现，可见，视平线的高度选择对透视效果有着十分重要的作用。

高视平线构图：视平线在人的视点以上，大部分的景物在画面的下半部分，使画面充实，适合表现宏大的透视场面。

中视平线构图：视平线在人的视点上，视平线位置偏中，所呈现的上下景物在画面上的比例相当，给人一种舒适稳定的感觉。

低视平线构图：视平线在人的视点以下，大部分的空间比例集中到画面的上方，给人一种尊重，气势蓬勃的画面感觉。

从上面的图例可以看出，选择视平线的高度在画面的中间，即视平线上下两个部分的角度相等，透视图显得呆板、不活跃。应适当升高或者降低一点，这样可使透视构图效果较为生动一些。

通过3幅不同视平线高度的室内透视图表现，可以得出选择视平线高度的几个原则。

第1点：在平视中，视平线的高度就是画面视平线的位置。

第2点：在选择视平线的高度时，视平线在画面的中间位置，即视平线上下两个部分物体相等，所表现出来的透视效果就会显得呆板。

第3点：当我们选择视平线较高时，就成了俯视图，视平线以上的部分看到的就偏少一些。

第4点：视平线较低时，室内的天花板和上部分装饰物就相对突出一些。

第5点：在绘制室内透视效果图时，视高的选择一般会取人的平均高度1500~1700cm为宜，或者适当地降低一点，这都比较符合人们正常观察物体的高度，但有些时候为了特意去表现某个特定的场景，也可以适当作些调整。

4.利用视平线的高度来表现特殊的透视效果图

在画面上，绘画者会根据自己表现的需要决定视高的位置，如果想表现视平线以上的物体，比如下图表现某酒店大厅的天花板时，就会把视平线放在画面的下方；如果想表现大堂的地面拼花造型时，就会把视平线定位在画面的上方。

下图所表现的主题为某酒店大堂的室内空间透视图，特意表现该大堂的天花吊顶气势，所以选择了视平线较低的位置。

下图中则选择了视平线较高的位置，所以该空间的地面的设计就显得重要一些。

由此可知，在视平线高度的选择上主要取决于我们想表现一个什么样的空间效果及设计想法，它不是一成不变的，是可以灵活运用的。

2.6.2 灭点

1.灭点的概念

灭点指的是透视图形各点延伸线消失的点，即透视线的消失点。这种现象随处可见，我们处在自然环境当中，观察到的建筑群体或者是园林街道都会向主要的一些方向消失，产生透视变化。在实际自然中，这些产生了变化的透视线是不会相交的，但是在透视图中，就会感觉到物体的大小变化。

2.灭点位置的寻求

灭点不在那遥不可及的天空或地平线上，它就在你面前所绘制的画面上，要想在画面上寻得灭点，则应在你视点引一平行于该变线的视线（灭点寻求线）与画面相交的一点，即是该线的灭点。

如下图，要寻求室内地面铺设的地砖的灭点，则可以通过画者的眼睛找到一对透视变线，也就是灭线来寻求。

在A变线做延长线交于D变线的延长线，两条变线的交点就是灭点的位置。

练习：下图为某教学楼的过道所寻的灭点的位置。

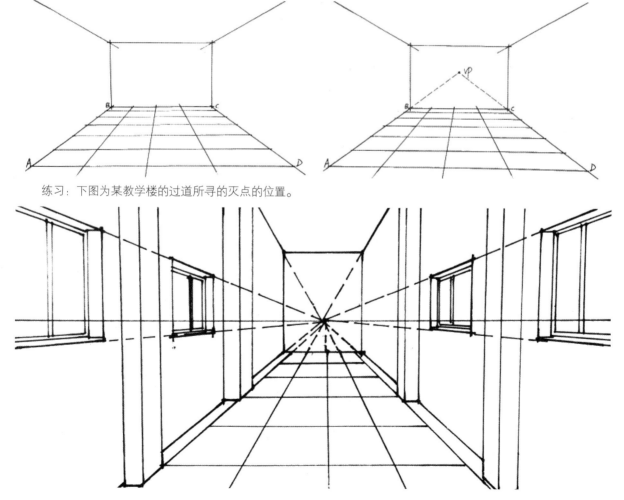

3.灭点的选择与作用

在绘制透视图时，首先应该选择并确定灭点的位置。在前面"透视的基本术语"里解释到，视点的主视线方向就是心点的位置，它的作用就是把绘制者的视线引向画面的中心位置。一般在平行透视中，心点的位置其实就是主灭点的位置，所以在绘制透视图时，正确选择灭点的位置是画好草图透视的第一步。

该图反映了灭点位置对透视图效果的影响。为了突出左边家具，强调室内顶棚较深远宽广的视觉效果，将灭点的位置尽可能定位在画面的右侧一点。

该图是一幅表现家庭会客休息的室内空间透视图。为了充分表现两边的墙面及地面丰富的装饰效果和家具的形式，透视图选择了灭点偏中的位置。所以画面中的需求是根据我们所表达的某个特定的内容所决定的，灭点不一定是位于画面的中央，甚至可以不在画面上，其主要还是取决于取景的不同。

4.画出草图中的灭点

我们在勾勒草图的时候，可以把一些比较有特征及方向感的透视线轻轻地拉出来，并向一点或者两点消失，集中精力去关注整体的消失方向，这样可以帮助绘制者寻求准确的灭点。

面对一张画纸，先定好视平线和灭点的位置，根据透视的特征，设想画面上布满了由竖线、横线以及由灭点引出来的辐射线组成的网格。

要表达的所有透视形体，无论是复杂还是简单，它们的轮廓线都暗藏在网格线条中。

我们只要沿着这些网格状的线条就能勾画出空间物体的轮廓线了。而灭点引出来的线条能将我们的视线引向纵深，从而面对一张二维的画纸产生三维空间的视觉感受。

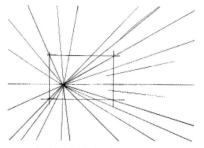 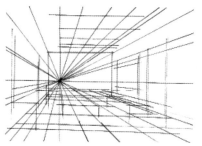 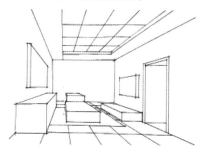

观察一幅室内透视效果图的作品，所有的透视线从侧面、顶面和地面逐渐消失汇聚在一个点上，好比一个物体从最集中的点上一下子往四周扩散开的效果。

当我们走在大街上，或者是繁华的建筑群体中，会感觉到实物体积离你近的地方会很大，离你远去的建筑会很小，并逐渐消失在一个点上。从众多的建筑物体中，不难发现它们的窗户线、挑檐等透视线数量众多，往往平行于一些重要的趋向。

右图为某城市的街道，高低不平，但是其透视线消失于同一点。

将上图中的街道景物进行方块归纳，用整齐划一的方体来排列时，透视线的效果会比较强烈。所以在我们对一些比较庞大的景物写生或者创作时，可以把这些形体复杂的内容进行归纳为简单的方体形态，然后在这些整体的方体形态下细化，但是要注意它们之间的联系与微妙变化，从而使得在画整体大空间场景时能对透视把握的准确和严谨。

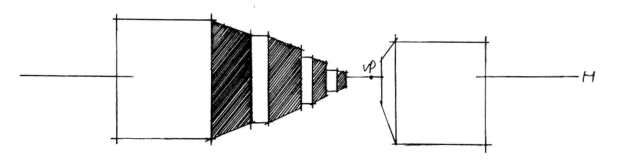

5.灭点的最佳位置选择

　　灭点不一定要在画面的中心点上，如果放在中心位置就会使画面显得呆板，画面没有变化感。将灭点设在画面偏左或偏右，就会在画面形成上产生均衡美感。一般在绘制室内透视图时，通常会把灭点的位置放在画面中央1/3的范围内，可向左右适当偏移一些，整体视觉关系要把握得当一些。

　　在一点透视画面中，灭点最佳的位置在画宽偏左或右1/3的范围内。

在两点透视中，两个灭点最佳的位置在画宽1/3的左右范围之内。

6.灭点位置的移动及效果

在室内表现图中，灭点位置的选择要根据室内设计的内容和要求以及空间形态的特征进行确定。选择一个合适的角度不但能突出设计的重点，同时也能更清楚地表达出设计构思。在同一个空间里，从不同角度去观看其空间会产生完全不同的画面效果。所以我们在正式确定构图时，不妨先多选择几个角度或灭点勾勒出几幅小草稿，然后从中再去选择最能体现设计主体的一个小稿来画正式的效果图。通过观察下图的灭点位置的变化所产生的效果不难发现，在同一个取景物中，灭点的上下移动，实际上是视平线的上下移动，那么视平线作为上下空间景物及构图的分割线，在移动的过程中必然会产生构图中上下景物的比例变化和焦点的变化。

灭点位置一： 主要强调上方天花吊顶的表现，画面比较大气和活泼。

灭点位置二： 主要强调顶棚的位置，画面比较庄重、严肃。

灭点位置三： 主要是以顶面和左边墙面为表现主体。

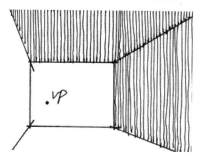
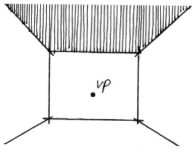
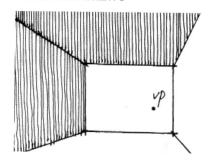

灭点位置四： 重点表现靠右边墙面的物体。

灭点位置五： 此构图上下左右平均表现，说明性比较强，但是整个画面感比较呆板。

灭点位置六： 室内上下空间均能考虑到，其着重点还是放在左边墙面的表现，画面活跃，这种构图是比较常用的一种表现形式。

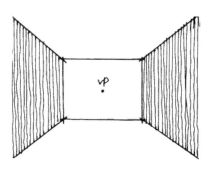
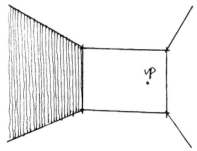

灭点位置七： 灭点偏上主要是表现室内地面或者是下半部分的物体，该构图主要还是以地面和右边的墙面刻画为主。

灭点位置八： 此灭点重点表现地面上的物体，同时两边的墙面均能顾及到。

灭点位置九： 比较适合左边墙面和地面物体的表现，其构图比较有变化感。

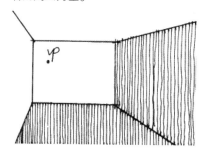
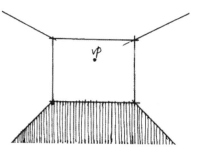
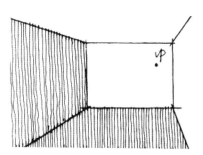

如果我们走在大街上，眼睛盯着某一个方向保持不变，而你的脚步却在移动时，所观察到的物体会随着你的脚步进行移动。也就是说，当我们移动位置的时候，一个方向线条的灭点似乎和我们同步移动，但是真正的灭点是不会移动的，因为灭点既然是无限远，就不会因为绘画者自身位置的改变而变化。下面我们根据前面所描绘出来的灭点位置的移动所呈现的效果，来画出室内客厅在移动灭点时每个阶段的变化和效果。

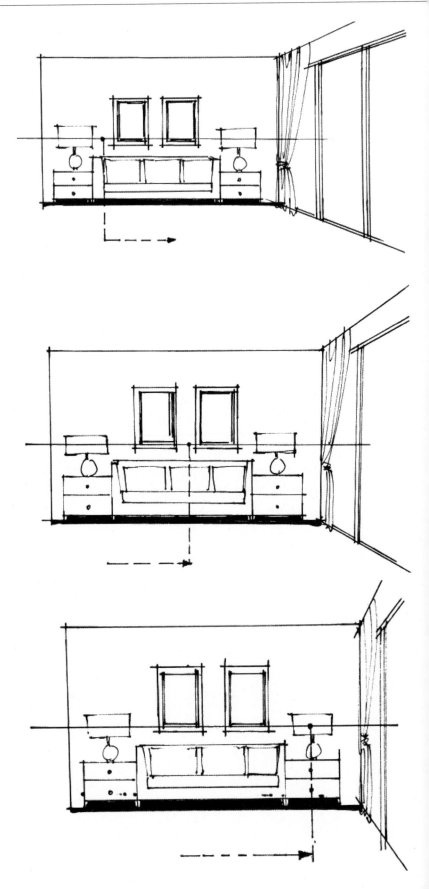

03 线与比例

3.1 线条

对于初学者来说，对线条的学习和练习是必不可少的一个过程，不要因为刚开始学习绘制线条就感觉破坏了画面的完整和纯净，因而就感觉到害怕和不自信。记住，没有一个成功的画家或者是设计师是不经历这个过程的，所以要放开胆子，尽情地从线开始画。

3.1.1 什么是线条

线条是一切造型艺术的基础，在绘画过程中常给我们带来感观上的愉悦性，如同音乐中乐器的声音一样悦耳、柔美，同时能更好地表达绘画者的思想感情和视觉语言，促使人们交流。古今中外，有许多优美的造型艺术作品中都富有不同个性的线条艺术魅力。

当我们开始尝试着画一条直线时，要把手固定在一个很稳定的平面上，然后在纸面上移动手臂，大胆坚定地把它一笔一笔画出来，在画的过程中不要有断断续续或者是中途出现断线的效果。

3.1.2 学习线条的重要性

1.线条是造型艺术的基础

线条是构成主要视觉艺术的元素之一，它是一切活动的标志，同时也是一种对美认知的态度。其美感主要是来自于对自然，对生活中千变万化的物体进行简练的概括和提炼，通过绘画者对物体对象的细致观察与理解，发现其呈现出不同的姿态，寻找其中的规律，体现出线条的美感。所以也就知道了作为一名在职设计人员或者学习相关的学生为什么要练习线条了，无论是徒手练习还是尺规练习，线条始终是室内设计表现图的根本。

2.线条具有性格特征

线条不仅能表现出物体的形体特征，还能体现出绘画者的情绪与性格，不同的线条形态，给人以不同的感受，对线条的感知很容易引起心理联想，激起相应的感情世界。对于一张设计草图来说，它所呈现出来的线条感觉能直接反映出绘画者直率、自由、奔放、严谨甚至是辛酸等性格特征，不妨说线条是有性格的，有生命力的。

3.1.3 线条的分类

1.直线

直线分为竖直线、横直线和斜直线。

横直线

横直线在绘图表现的过程中给人一种平静、广阔、安静之感。

竖直线

竖直线给人一种挺拔、庄重、升腾之感。

线条是塑造草图的基础,所以先来练习线条中基础的直线,尝试下在一张空白的纸张上画出流畅的直线。

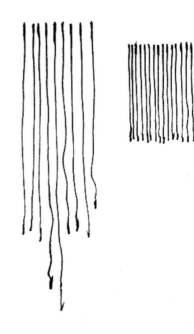

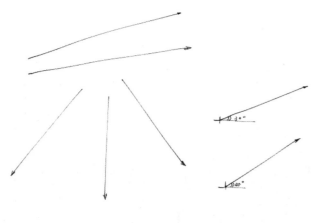

斜直线

斜直线给人一种空间的变化、创意和活泼的感觉。

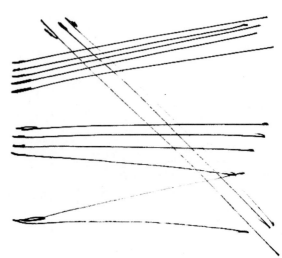

2.练习直线的基本技巧

在直线练习的过程中要一气呵成，不能断断续续，起笔时应心平气和，运笔时应放松缓慢，收笔时要干脆利落。在练习的时候不妨找一些小的技巧，比如先在画面上确定两个点，然后从一个点开始直接到另外一个点，注意从第1个点开始出发的时候，你的眼睛就要比你的笔尖先到达第2个点上，这样反复练习几遍就会找到画好线条的感觉。

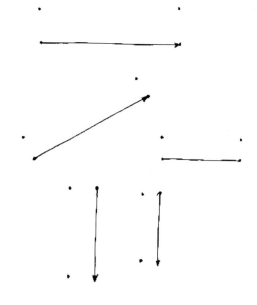

3.直线条的控制练习

练习1：在水平、垂直、斜向等各种方向上画出间距宽度一样的线条，同时也要保持线条的粗细一致。

练习2：缓慢画出有变化的线条。

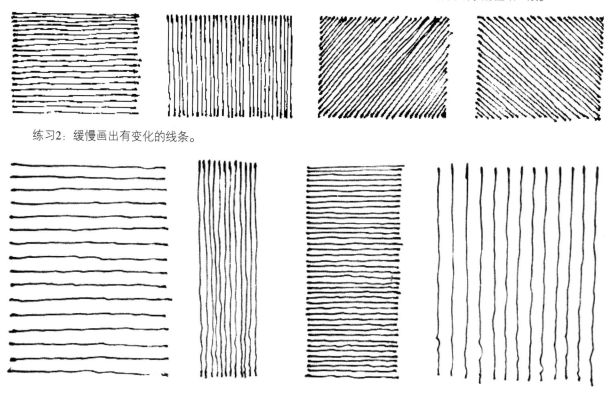

练习3：画出有间距变化的线条。

练习4：直线条组合练习。

练习5：色块渐变练习。

渐变退晕

分格退晕

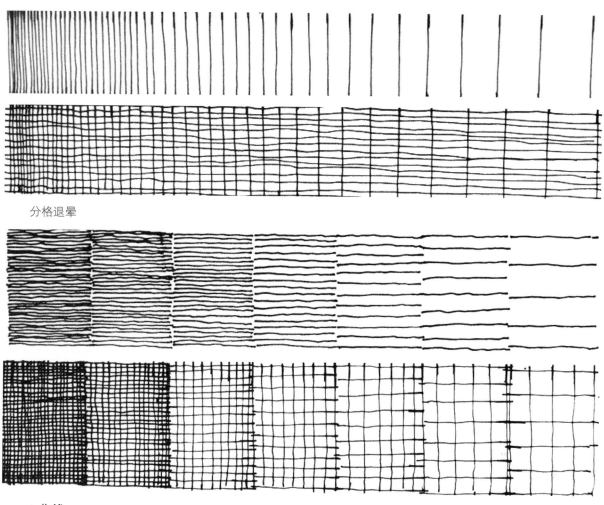

4.曲线

曲线在设计草图表现中运用广泛，在绘制曲线时要注意线条的流畅和圆润感。曲线给人一种柔和、轻巧、动感、优美愉悦之感。

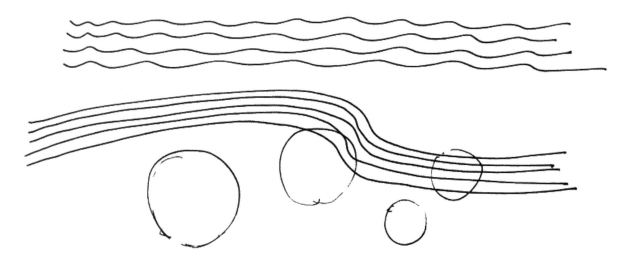

曲线是非常难把握的，在表现物体结构时，落笔一定要心中有数，以免勾勒不到位，破坏感觉，初学者可以借用铅笔，尺子来辅助。在画曲线的时候，应该注意以下3点。

第1点：手腕以及指关节要放松，线条才变化自然。

第2点：确保线条流畅，不要犹豫不决不敢果断用笔，哪怕画歪了也不要紧。

第3点：注意笔触，不要太刻意去描，曲线本身给人的感觉就是很飘逸、灵动的。

曲线的练习

曲线块面感练习

曲线空间透视草图作品

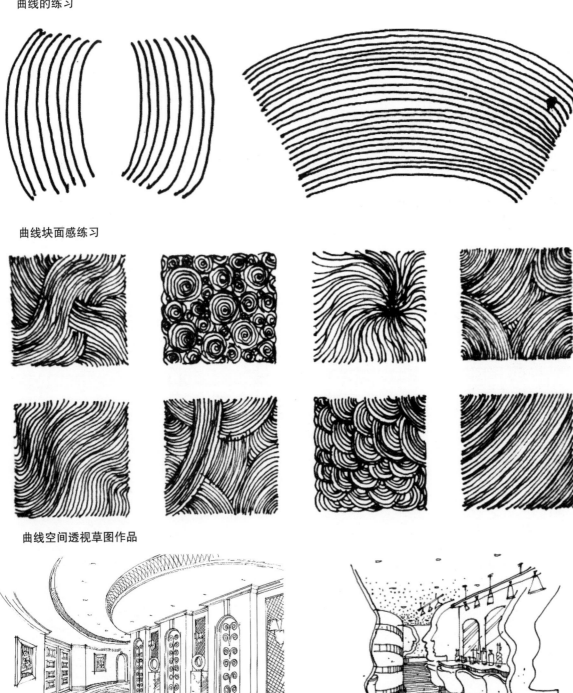

5.折线

折线分为直折线和弧型折线。

直折线

直折线相对有序，有组织性，在室内表现中多用于木纹、云石和窗帘等。

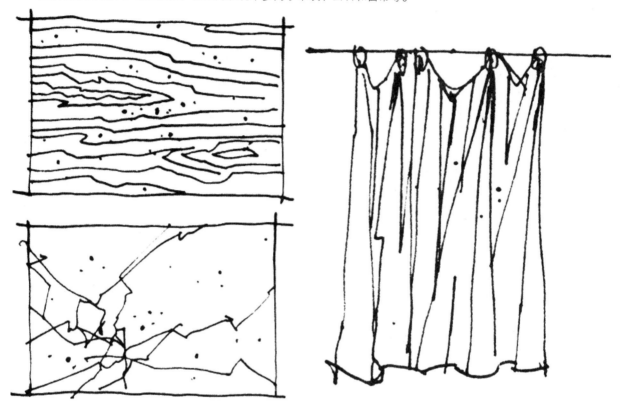

弧型折线

弧型折线 相对比较活泼，无序、无组织，多用于勾勒一些植物外形。

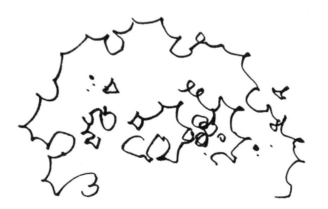

3.1.4 如何练习线条

线条的质量是从大量的绘画练习中获取的，要善于观察和分析，培养自己从生活中发现美，感受美的能力，提升自己的审美能力，为所要表达的作品增添更丰富，更美妙的亮点，提高该作品的欣赏力。

线条的练习对于初学者来说是非常重要的，它决定了效果的美观性，所以在大量练习线条的过程中，一定要找到最适合自己的方法和途径，以免浪费时间而没有达到画线条的质量和美感。起初可以拿一些好的草图作品来慢慢练习，刚开始可以画得随意一些，一笔一笔去表现，做到用笔肯定、自信，直到画准为止。切忌焦躁，要保持平和的心态，因为每画出一条线都是有生命的，更要对画出来的每根线条负责。当然，我们在练习线条的时候难免会出现一些差错，下面介绍几种常见的错误图例。

1.心中无数，草草了之

在练习线条之前心里没有底，这边画几笔，那边画几笔，没有找到练习线条的方向，更没有意识到线条练习的重要性，因为线条的练习是平淡乏味的。

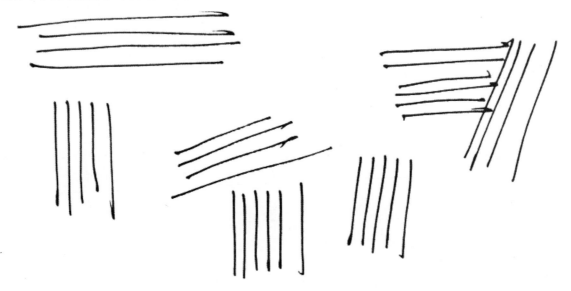

2.耐心不够，缺少坚持

在刚开始接触时，没有经历过线条练习的过程，所以会心情烦躁，内心不能平静，坚持不下去，没有一笔一笔地去画，就想看到成品的作品，导致画面乱如麻。练习线条犹如练毛笔字一样，要心静如水。

3.线条僵硬，没有生命力

线条僵硬主要是练习不够所导致，熟能生巧，只要坚持每天练习一点点，不久就会有进步的。练习时，可以多去临摹一些优秀的线条作品。

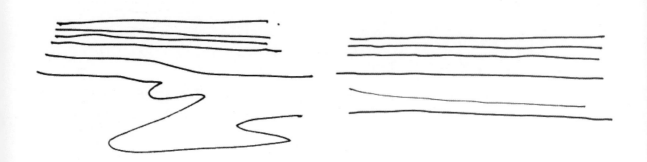

4.没有方向感，线条不整齐

收笔的目标不准确，想在哪里停笔就在哪里停笔，不会目测整体画面关系，尤其是画一些比较长的线条，是很难把握它的准确性的，还有不恰当的握笔姿势也会影响到线条的方向感。

5..反复修改，缺少自信

线条的美感最忌讳的是对线条的反复修改，线条的表现是需要肯定、有力而又有自信的，它不像学素描一样，画错了可以去修改，所以我们在练习线条时应该自信洒脱一点。

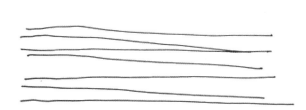

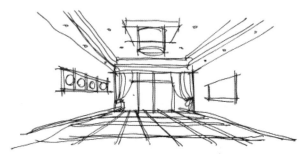

6.交线出头，张牙舞爪

一般为了画出来的形体好看、不呆板，在徒手表现形体的时候，可以让两根相交的线出头一点，这样看上去会比较自然洒脱。但是一定要把握到一个度，过了就可能会破坏画面效果。

线交点不出头，整个画面会显得非常拘谨、笨重，缺乏艺术感染力，给人一种条条框框的束缚感，所以在草图表现时尽可能避免这一点。

如果线条过于出头，给人太过于流畅豪放的感觉，有点收不住，如果整张画面都出现这种情况，就会显得很杂乱无章，给人一种很尖锐的视觉感受，所以在绘制的时候一定要把握住一个度，要注重画面的整体视觉感受。

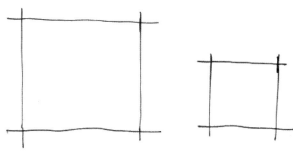

7.构图不当，没有画面感

任何作品，首先会拿构图来评判它的好坏，当然练习线条也不例外。进行巧妙的构思可以培养画面的美感，如果构图不均衡，表现的画面给人的感觉就不稳重，缺少重心感。

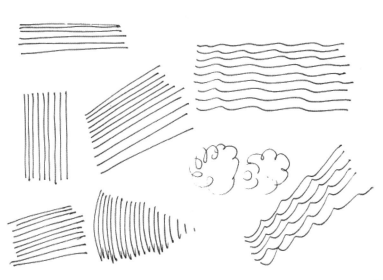

8.长线画不准，把握不当

长线画不准是初学者的通病，为了一味地去追求线条的水平度，难免出现线条跑偏的现象。通常，我们宁可出现局部的弯曲，也要缓慢而有节奏地画下去，以保证线条的整体方向平直。

提示

第1点：通过观察优秀的线条作品，深入体会绘画者在作品中表达的不同情感和性格，培养自身从生活中发现美的能力，提升造型艺术能力和创意的表现力。

第2点：善于思考，认真观察，坚持不间断地去练习线条，从枯燥的练习中去寻找乐趣。

对于初学者来说，一般会先拿一幅绘画作品来临摹，起初在画形体的时候，会把线条画得比较轻柔、随意，一笔一笔淡淡地去刻画，直到捕捉到形体的雏形和准确性，然后再一笔一笔去加重、加粗，形体越来越完整，接着再不断地去修整净化，这样的画面草图最后出来就比较简单干净，在此过程中要善于去对形体比较，观察，分析，最后定稿。

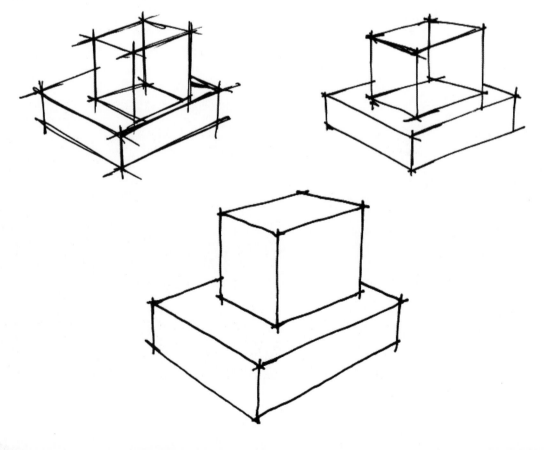

3.1.5 线条的趣味练习

对于线条练习的本身来说，它不仅仅是单一的线图和造型中的基础元素，其本身也蕴藏着丰富的含义，画出的每一根线条都有强烈的生命力。线条的粗细、直曲、长短、虚实都是绘画者观察物体所呈现出来的感知，主导作画者的内心和作画风格，在不同的状态下都会表现出不同的结果。下面我们将进行线条的趣味练习，从乏味的练习中体现线条带给我们的乐趣和愉悦性。

练习1：横线的练习是最基本的，这种练习主要是保持线条的水平间隔和线条的粗细一致，这个练习关键在于控制。

练习2：基本的竖线练习主要是要求你手腕的把控力度到位，短竖线很好掌控，但长竖线很难一次性画完。

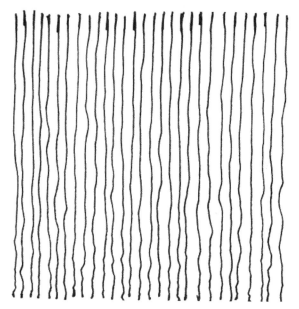

练习3：斜直线的基本练习要遵循笔未到而眼要先到的基本方法来完成。

练习4：用最基础的横线和竖线来进行组合练习，画出画面的机理感。

练习5：线条具有空间性，每画出一根线条都是有方向指向性的，所以我们试着用直线或斜线条来组织一个具有透视空间感的图案。

练习6：发挥自己的想象，拿一些字体来练习，把字体留白，看看是什么样的效果，这个相对来说就要考验你对线条的把控能力了。

练习7：运用线条的变化画出空间的渐变关系，达到形体的空间和体积感。

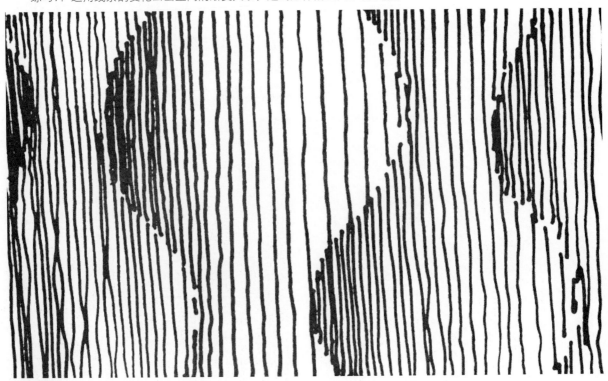

提示

通过本节内容的讲述，初步认识到线条的表现力，并学会观察，欣赏优秀的作品进而体会到线条的魅力，了解多种线条组成的纹理。所以在此作出要求：尝试画出长短不一，直曲变化及疏密不同的线条，感受线条组合的层次效果。

3.1.6 线条的虚实

在室内透视图的表达上，可以通过线条的轻重变化来塑造画面的虚实感觉和立体效果。从视觉上去感受线条的重量就是线条的粗细，线条越粗，重量越大；线条越细，重量越轻。这些线条的轻重可以帮助我们去区分室内的各部分元素。如下图，两个同大小、同面积的立方体，因为其外轮廓线条的粗细变化，给我们视觉上的感受是左边的立方体要重于右边的立方体。

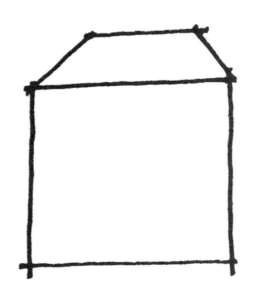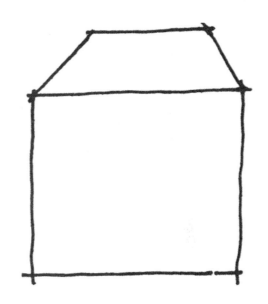

线条在画面当中的虚实表现

近实远虚：实，结构线条清晰，细节刻画深入，线条的轻重对比强烈。

主实次虚：虚，结构线条相对模糊，细节刻画较少，线条的轻重对比弱。

下面用结构素描举例进行对比。

从这张素描几何形体作品中可以观察到，靠前面形体的线条会粗一些，对比强烈一些，后面衬布的线条对比相对会虚一些，通过近实远虚的对比手法，可以增强画面的空间感和层次感。

这张景物写生作品的主体物本身的对比很强烈，刻画细腻，结构线明显，周围的次体对比会减弱一些，以用来突出画面的主体。

3.1.7 徒手绘制线条的方法要点

1.徒手绘制的概念

徒手绘制是指不借用绘图工具，以徒手绘出线条图，称为徒手作图。

徒手作图也是透视图表现的一个重要环节，通过快速的徒手表现去感受一个透视空间的感觉，激发创作的灵感体现。通常在设计的初级阶段——草图阶段，会用徒手作图的方式代替其他的表现方式，着重眼手并用，注意整体构图，透视方向及绘画程序。在保证线条方向正确，长短基本符合比例的前提下，尽量使其平直，粗细均匀，浓淡一致。由于透视图表现的工具型材多种多样，出现的效果也是截然不同，所以要掌握好对表现工具的使用。下面列举几种我们平时大量使用的工具所表现出来的效果。

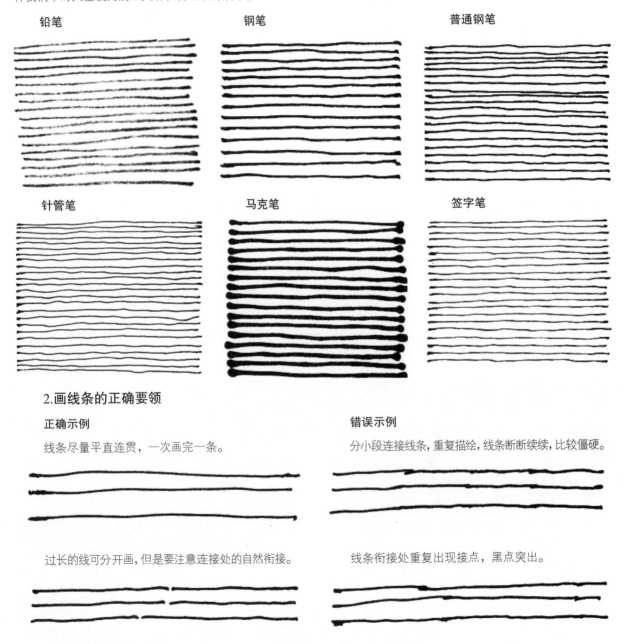

铅笔　　　　　　　　　　钢笔　　　　　　　　　　普通钢笔

针管笔　　　　　　　　　马克笔　　　　　　　　　签字笔

2.画线条的正确要领

正确示例

线条尽量平直连贯，一次画完一条。

过长的线可分开画，但是要注意连接处的自然衔接。

错误示例

分小段连接线条，重复描绘，线条断断续续，比较僵硬。

线条衔接处重复出现接点，黑点突出。

宁可局部出现小的弯曲，也要保证线条整体的方向感和平直。

一味追求线条的平直而导致出现过抖的现象。

粗细分明，层次丰富，线条准确。

粗细没有变化，线形不准确。

3.1.8 线的排列组合

自然界中的万千景物，生活周围的场景都各有其外在形式和线条结构，这些外在的形式和不同线条结构构成了一个完美的画面，所谓没有线条就不存在画面，不同的线条形态构成了不同形状的图形。同类线条的重复、排列组织会使画面产生一种音乐般的节奏感和韵律感，其形状不同，排列疏密不同，都会给人不同的视觉效果，有的轻快醒目，有的柔和浑厚，有的缓慢，有的急剧等。

线条的排列组合分类情况

直线的排列：分横排列、竖排列和斜排列等来表现物体的结构造型及明暗关系。

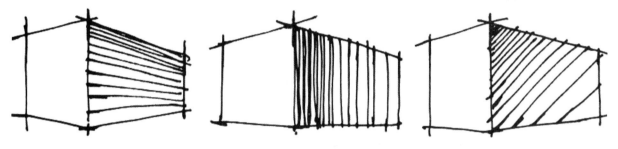

在室内透视表现中，根据不同的材质要选择不同的排列表现方式。在表现物体的过程中，应该注意用线条排列的轻重，虚实和间距，来表现明暗的深浅关系。

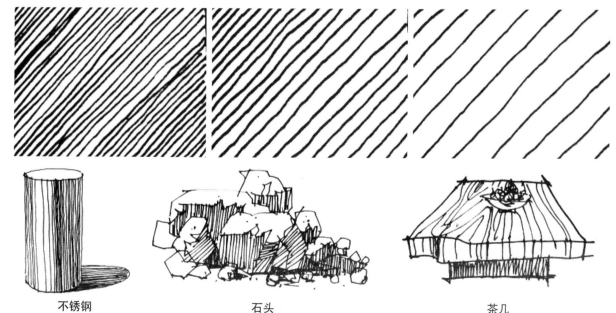

不锈钢　　　　　　　　　　石头　　　　　　　　　　茶几

3.1.9 线条表现图案

3.1.10 线条综合运用练习空间透视图

3.1.11 线条与明暗

在能较准确地把握形体结构和特征的基础上，可逐步地对形体加入光线的变化，给予形体一个色调。在上一节中，我们有讲到通过线条排列所产生的明暗调子，运用直线、斜线或者是点来画出不同深浅的调子，在一张白色的画纸上来练习均匀分布加以不同方向感的排笔练习所产生的色调感。

对于一个有色块的形体来说，其实还是有线条的构成和有序无序地排出来所产生的效果，色调的深浅变化主要是靠线条排列的间距和轻重体现出来，线与线之间越宽，色调越淡；线与线之间排列得越密，产生的色调也就越来越浓。同样，线条的轻重也能产生色调的明与暗。下面通过斜线的排列组合来表现出明暗的深浅变化。

斜直线表现的效果

斜直线循环表现的效果

乱线和点表现的效果

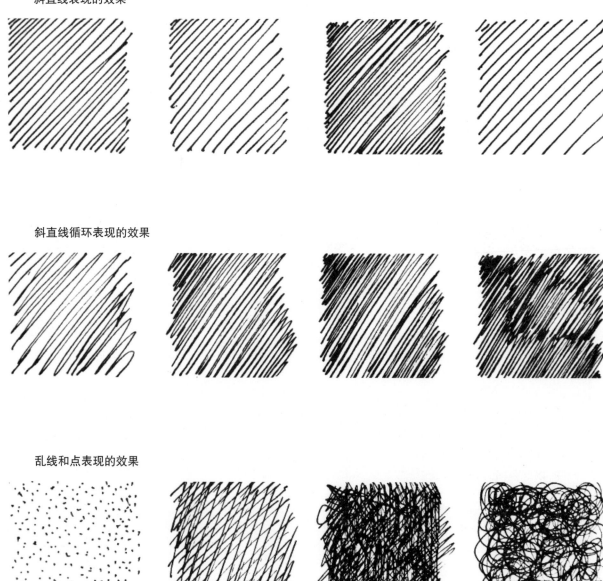

3.2 比例

比例是指一种事物在整体中所占的份量，在图纸表现中泛指图形与其在整体尺寸中所占一定尺寸的比较，它是任何物象的形体存在的基本形式。也就是说，任何物象的形体，都表现为一定的比例关系。尤其是在透视图中，同等大小的物体因为透视原理关系会产生大小的变化，那么比例的大小决定着透视作品中的画面感，甚至还被看作一幅作品好坏的第一元素。

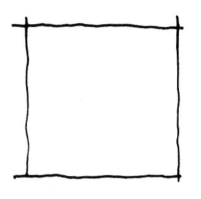
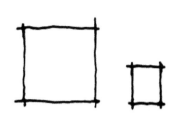

3.2.1 目测比例

在调整画面中物体比例过程中，其实目测是一种最直接的方法，可以通过物体与背景之间局部与整体和物体与物体之间进行对比，寻找合适的比例关系。这就要求绘画者有敏锐的观察能力和对比能力，也是草图设计表现的最终目的——不借用任何的测量工具，做到形体比例的准确。

主体与背景之间的对比

物体与物体之间的对比

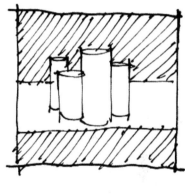
面积之间的对比

3.2.2 测量比例法

测量比例法就是通过手中的工具，一般可以用手中的画笔来作为测量工具。需要掌握以下两点。

第1点：握住画笔，手臂拉直，画笔垂直于物体，手臂与地面平行时离自己最远，往上或者是往下移动时都必须是垂直关系。

第2点：利用大拇指对所测量的尺寸作标记号，从画笔的笔尖到大拇指指尖的距离做个标志。所测量的长度与物体本身的实际尺寸毫无关系，通过标志号的长短来比较出实体物的长短的大概比例关系。

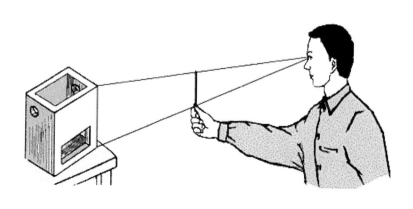

竖着比：作一条贯穿画面的垂直线，观察所有在这条线的物体。

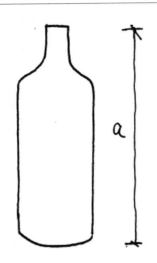

横着比：当你要画某一个物体位置的时候，就可以作一条贯穿整个画面的横线。

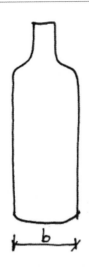

3.2.3 寻找参照线的比例法

先找到该物体中的一条参考线，以这条参考线为单位去寻找线条的比例尺寸，相应地去找到1/2或者2倍，3倍的尺寸线。

以图中的立方体为例，先确定以a为参考线，然后用a和b、c去进行对比，观察其中的比例关系。通过仔细观察、对比后发现，a是b的1/2，c是a的1.5倍，b是a的2倍。只要有了这个有效的尺寸信息后，就不难把握形体的比例关系了。

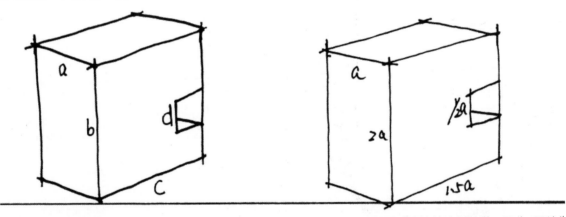

如图，图B是临摹参考图A的画面，通过仔细观察可以发现，图B并没有完全遵循A的比例关系，因此B图就失去了特点，变得比较平庸。

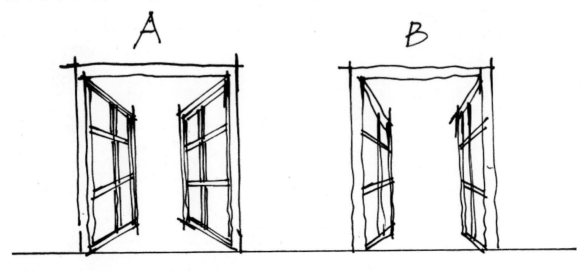

3.2.4 对同类形体的写生训练

对同类物体的写生训练有助于提高对形体外观的观察力，区别出它们外轮廓的变化和特点，其比例不同，外形则截然不同。

如果我们观察一个瓶子，想要把它画出来，首先要确定它的整体高度与宽度的比例，然后再确定其他各个部分之间的比例。观察的方法是，尽量找出两个相似的部分，比如将瓶口与瓶底相比较，因为两者都是在水平方向上，又都是在一条中轴线上，所以很容易找出它们之间的比例关系。

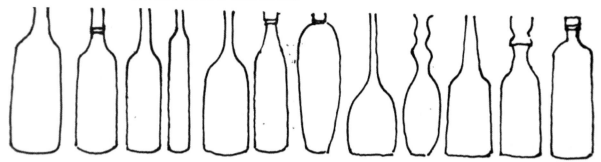

3.2.5 等分

等分在绘画中是非常常见的，在画画的过程中经常运用到等分的画法。在一条直线、曲线或者是某一个角进行目测寻找相等的尺度，这种方法在作图的过程中简洁、方便又快捷。

1.二等分

二等分相对来说还是比较简单的，直接目视线条的中心点即可，也称中点等分。

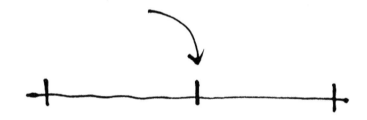

2.三等分

三等分同二等分的原理一样，先画一个长方形，然后画出对角线。

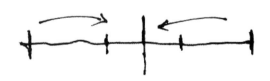

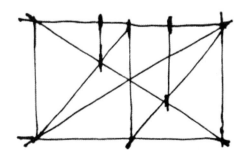

3.四等分

四等分就是在二等分的基础上再二等分。

4.五等分

先估算中间的长度，然后估算两边长度均为中间长的2倍，然后在左右两边平均等分。

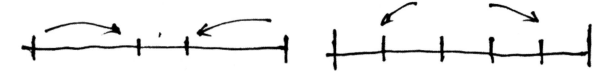

5.六等分

六等分就是在三等分的基础上再二等分。

6.八等分

八等分就是在二等分的基础上重复3次。

7.九等分

九等分就是在三等分的基础上重复3次。

8.十等分

十等分就是在五等分的基础上重复2次。

04 基础图形透视练习

4.1 基础图形透视练习

在几何学中，面是线的移动轨迹，即大量密集的线进行有序的排列产生面的感觉。通常所说的面是有一定的范围的，它是由四周的边缘线所围绕，边缘线的长短也就是我们所说的长度和宽度，因为有了长度和宽度的概念，就形成了二度空间（二维空间）。本节内容是围绕几何基础图形及构造来讲述的。

4.2 基础几何图形

为了勾勒准确的图样造型，一般先把整个图样简单地概括为几何图形，以免失去整体图形的形态特征，继而去深入内部的细节部分，丰富其本身的结构特征。几何图形作为所有构造中的基础，很有必要进行反复的捕捉和练习。

 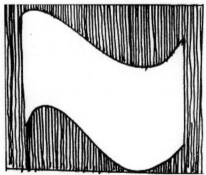 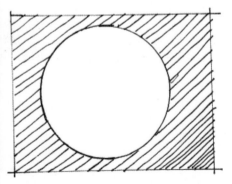

4.2.1 正方形

正方形是所有几何图形中最为基础的图形，是由视觉上最协调的水平线和垂直线构成的。它由单独直线构造，四边都相等，具有双对称轴，比较容易把握，相对稳定、有序。下面先把正方形一笔一笔地画出来。

为了画准透视效果图，需要不断去画一些简单的草图进行等分练习，以达到比例的准确性。下面以正方形为例，对其进行等分练习。

练习1

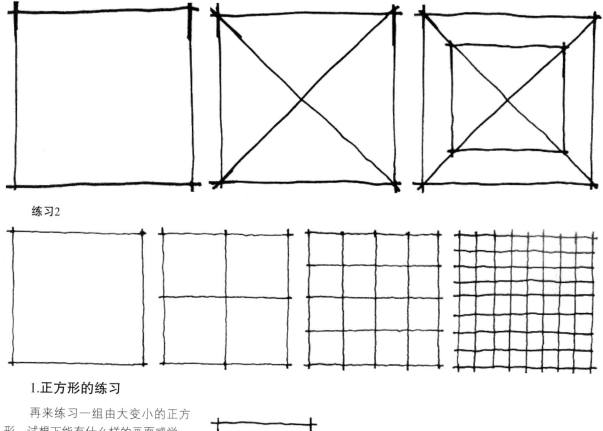

练习2

1.正方形的练习

再来练习一组由大变小的正方形，试想下能有什么样的画面感觉。

通过对画面的观察，不难发现，所画的这组正方形画面已经产生了一种大的形体往前冲，小的形体往后退的效果，其实在这个变化过程中已经产生了近大远小的透视规律。

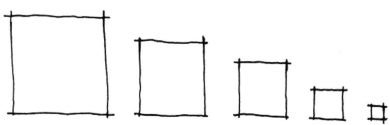

接下来我们要练习一组倾斜的正方形，这样我们就能表现等角透视的效果。

下面这组正方形更明显地体现了透视当中灭点的效应。

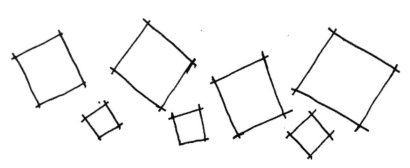

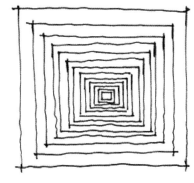

2.正方形在室内设计中的表现及运用

方形的绘制在表现室内设计草图表现中是最常见的，比如画墙面上的相片墙，地面的材质铺设等。

照片墙

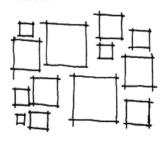

地面铺装

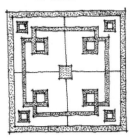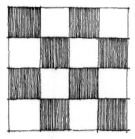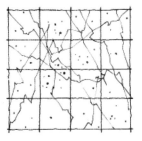

4.2.2 圆形

圆形是由单独曲线构造，具有向心性，流动视觉特征，象征着完整、丰满、团圆之意。这个练习很简单，先来随手画几个圆，从绘制的过程中找出画圆的路径。

在练习画圆的过程中我们发现：

画的圆越大，其把握程度越难，所以接下来要想办法借助一些辅助线，把圆分割成好几份来完成。

圆也是由点运动的轨迹组成，从中会发现圆的外轮廓都有4个最外点，将对角上的两个点进行连接，不难得出两根线是相等的，成90°的角，再对这两根线做中心点的平行线，就会得出一个正方形。所以在画一些比较大的圆时，通常会用外切正方形的方法来作图。

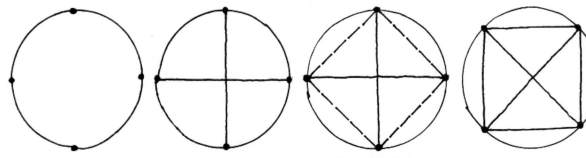

如下图，在对角线上取一段长度来画圆，所取的长度不一，画出来的圆形就大小不一，所以我们得出圆的半径长度决定圆的大小。

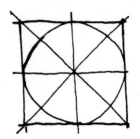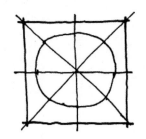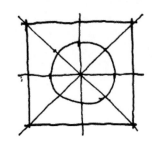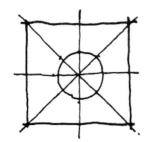

1.圆形的练习

8点法画圆

我们先来画一个没有透视变化的圆面，圆周同正方形边框相切于4点，又同两条对角线相交于4点，共8个点。

（1）先在画面上画一个正方形。　　　　（2）画出正方形的中轴线，然后连接对角线并对两条对角线进行6等分。　　　　（3）用圆弧连接对角线外侧等分点和两中轴线的端点，圆的形状就勾画出来了。

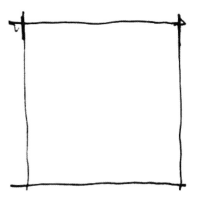 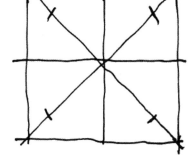 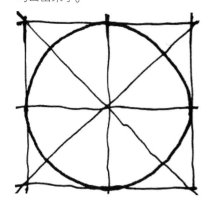

1/4圆的绘制方法

　　1/4圆的绘制方法是将一个大正方形进行4等分，然后对其中一个正方形做对角线，接着在对角线上分3段连接。

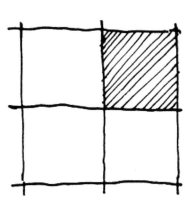 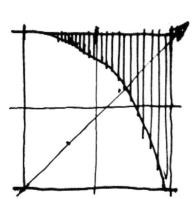

2.错误的圆形

我们在进行练习圆的过程中会发现一些错误的圆形。

错误1：圆形太过于正方形。　　　　错误2：圆形太尖。　　　　错误3：圆形不对称。

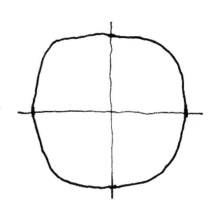 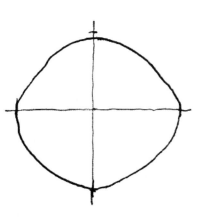 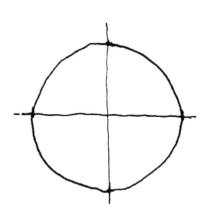

3.圆形在室内设计草图中的运用

圆形地毯

圆形餐桌

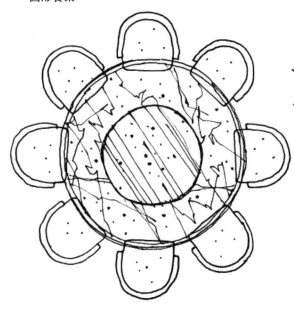

圆形地面艺术拼花

墙面圆面造型

4.2.3 椭圆形

我们经常会在一些构造中看到一些带扁状态的圆,特别是在椭圆里(这是从透视来看的),在我们周围很多的圆形物件都是由椭圆构成的。

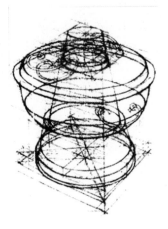

1.椭圆形的练习

怎样才能准确地画好椭圆呢？我们可以试图按照画圆的方法来进行绘制。

（1）画好一个长方形。　　　　（2）将长方形分成两半，画出　　　　（3）用圆滑的曲线连接对角线
轴线（长轴和短轴），然后连接对角　　　外侧的等分点和长短轴的端点。
线并进行6等分。

 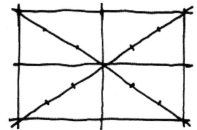 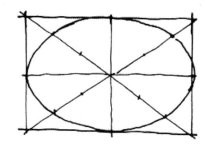

2.椭圆和正圆的关系

通过下面的图例分析可知：在
透视中，透视圆为椭圆形。

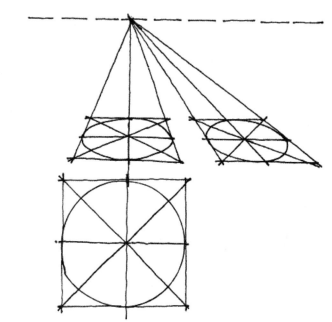

3.练习透视圆

透视圆的练习首先要搞清楚圆
形透视的基本原理，不能仅仅只靠我
们的目测去判断它的透视状态，或者
是很随意地勾勒它，所以要求大家能
够掌握画圆的基本要领，通过前面所
讲的内容，可以画出正方形或是长方
形来确定透视圆，再利用八点求圆法
来切出各种准确的透视圆。

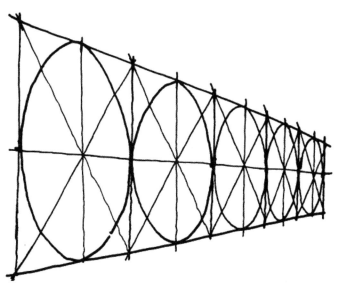

徒手画圆会经常出现一些错误，主要有以下几点。

错误1：转角太尖。　　　　　　错误2：平面倾斜。　　　　　　错误3：前后半圆关系不对。

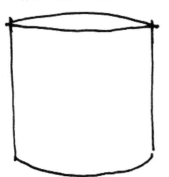 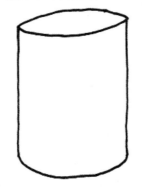 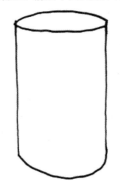

通过观察和思考得出了画圆的要领，主要有以下6点。

第1点：凡是水平的圆，圆面两端的连线始终水平。

第2点：水平圆左右始终对称。

第3点：左右两端转角始终为圆角，不要画成尖角。

第4点：前半圆大于后半圆。

第5点：离视平线越近，圆面越窄，反之越宽。

第6点：画圆形时，运笔要平稳、顺畅，可分左右两半完成。

4.2.4 圆弧

通过对圆形的观察，对它们进行比较，然后将它们的圆心O1、O2和接触点T进行连接，就可以构造出弧线。

在室内设计表现中，经常会涉及到一些由弧形组合而成的造型。

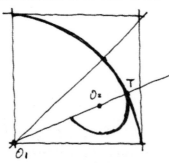

下图是用圆心和接触点连接成一条直线这个基本原理来画弧线。

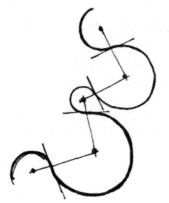

4.3 室内构造存在边框的情况

对绘制室内家具来说，经常会看到有边框的物体，如绘制抽屉、衣柜上的门板、门面、窗户等，绘制边框是绘制直角比例很好的结合练习。

练习1：绘制各种各样不同比例的边框。

练习2：在边框内，画出自由的线条和几何形，运用重复的几何形图案进行组合练习。

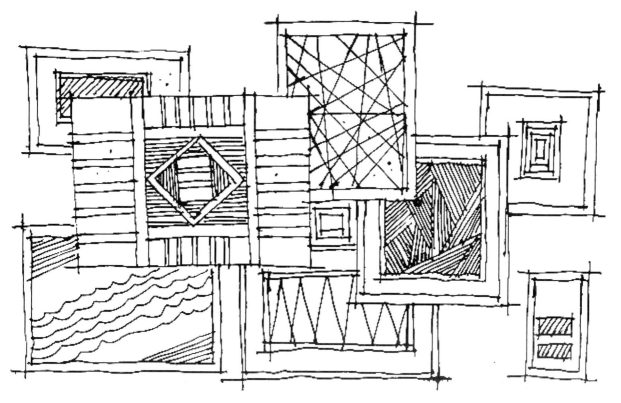

4.4 正面物体的勾勒

正面物体的勾勒就好像是在画一个物体或者是一个产品的立面一样，不过，这幅正面图里只包含了物体的基本造型轮廓和特征，没有透视变化。通过前面基础图形的学习和练习，可以把不同形体的图形进行组合，下面以家居物件为参考进行练习。

4.4.1 画家具

为了给整体透视效果图里增添一些实景效果，我们可以画一些家具，分析其家具的功能和形体特征，先把这些家具元素进行简单的概括和提炼，分解出其简单的形状进而组合，然后理解家具本身的结构关系。

4.4.2 绘制室内窗户

在绘制室内窗户时，应该先对其进行仔细观察和分析，其实是个很简单的造型，有很多地方都是不断地去重复的过程，应该准确地把握到它的比例关系，包括其厚度。平时多积累一些造型，就可以尝试画一些比例大小不同的窗户。

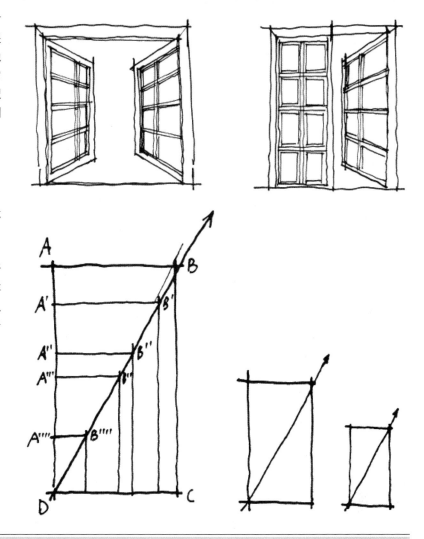

为了能更好地绘制出窗户，我们应该准确地量取窗户直角的比例、大小和窗户的厚度。

通过对窗户的练习可得知，所有的直角都具有同样的对角线和同样的比例关系，它们有着同样的位似形，所有对角线上的直角都是平行的，也就是位似形。

4.4.3 室内陈设小品的练习

室内陈设小品在室内家居构造中是不可缺少的一个重要环节，它增添室内环境的氛围，可以达到丰富和美化居家空间的效果。练习的主要目的是对其进行物体外观的概括，生动而又个性鲜明地描绘出来，这样有利于培养设计者对物品的观察力和判断力。

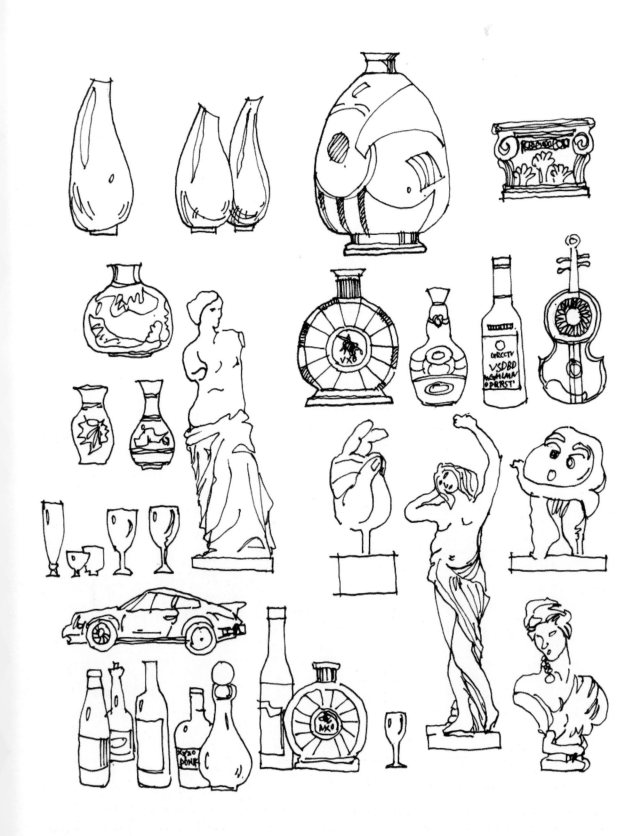

4.4.4 正面物体的遮挡关系

正面物体的遮挡当中是将形体画成前后重叠的状态，令人感觉到形体完整的在前面，离观者近，形体被遮挡而又不完整的在后面，这种现象自然而然地产生画面的深度感觉。

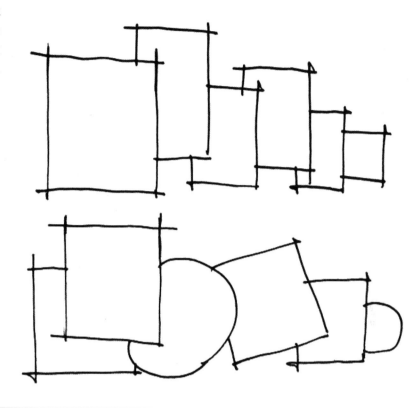

4.4.5 正面物体的组合练习

物体组合的训练可以使人掌握正确的观察方法，提高对比例的准确判断。从整体到局部，从局部再回到整体，先定大的比例关系，小比例关系服从大比例关系。因此，在组合训练中，可以培养和提高眼睛的观察力，学会正确的观察方法，掌握准确判断客观物象的比例关系。

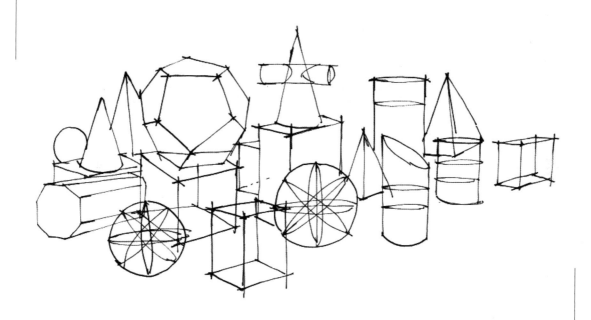

05 体块的形成与明暗

5.1 几何形体的认识

世界中千变万化的物象形态，无论其形体结构是简单还是复杂，都可以概括为基本的几何形体，一般最具有代表性的有正方体、球体和圆锥体等，在此基础上可衍生出多种复杂的形体。

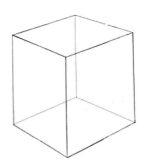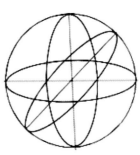

5.1.1 形体的基本概念

物体的外部形态特征叫做形体，其取决于物体的内部结构，而物体的内部结构最终将通过其外部形态呈现出来。形体是客观物象存在的外在形式，是体现物体存在于空间中的立体性质的造型因素，在造型艺术范畴，形体包含着"形"与"体"两层含义。

1.形

形即我们的视觉所感知的物象，都具有相应的形状。因此，形状是我们识别物象特征的基本依据之一。

人们对物体形状的判断，往往依赖于物体的外轮廓线，如几何形圆面的形状是圆形，圆球体的形状也是圆形；一页纸的形状是长方形，一张写字桌的形状也是长方形，前者是平面图形，后者是立体图形，两者之间有着本质的区别。可见，形状虽然是识别物象特征的标志之一，但它并不能完全准确地反映物象所占有的空间形式。因此，"形"仍然属于平面的概念。

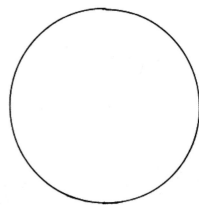

2.体

即物体的体积，也就是物体所占有的空间。一切物体的存在，都表现出一定的形状，一定的体积。存在于宏观世界和微观世界的一切物象，如一颗沙粒、一个星球、一张纸片、一幢房屋以至显微镜下的物质，都具有一定的体积并占有相应的空间，即人们通常所说的"三维空间"，这是"体"的基本特征。因此，"体"是立体的概念。

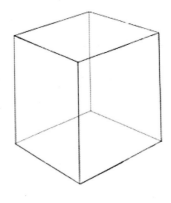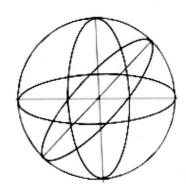

5.1.2 基础几何体的描绘

1.正方体

正方体：用6个完全相同的正方形围成的立体图形称为正方体，又称立方体。

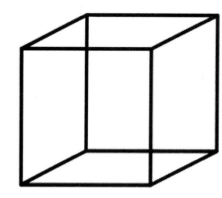

将立方体拆开进行分析，可得到它的基本特征如下。

特征1：有6个面，每个面完全相同。

特征2：有8个顶点。

特征3：有12条棱，每条棱长度相等。

特征4: 相邻的两条棱互相垂直。

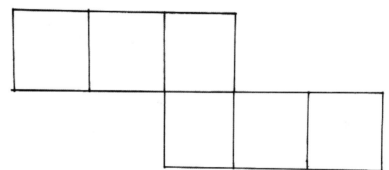

正方体的徒手绘制过程

（1）先画一个有透视角度的正方形地面。

（2）根据正方体的特征"相邻的两条棱互相垂直"做地面的垂直线。

（3）连接各垂直的线，形成立方体。

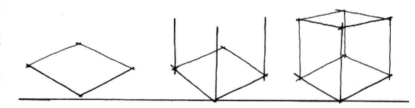

2.球体

球体与正方体相比较，两者有着强烈的反差，球体的结构特征完全是由弧形构成的，给人以柔美、圆润、灵动之感，这与正方体刚性、坚硬的形态形成对立，也可以说正方体和球体是自然界中两种最基本的形体状态，两者的对立关系在一定的条件下又可以相互转化，即方中有圆，圆中有方。

下面先来认识一下球体的结构。

球体的结构关系要比正方体复杂得多，为了便于理解，可对圆球体的结构关系加以概括和剖析，分析其形态的构造。

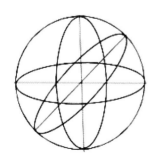
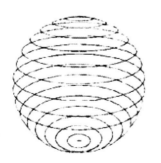
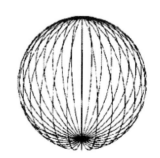

绘制球体的方法

（1）画一个正方形，然后连接正方形的对角线，并以交点作为球体的圆心，接着通过此圆心作水平和垂直线，找出球体外轮廓线与正方形相切的4个切点。

（2）用"切"的方法渐次地把这个方形由方的形态变为圆的形态。

（3）调整线条，用圆润的曲线将圆修整一下，反复进行调整，直到感觉圆形画圆为止。

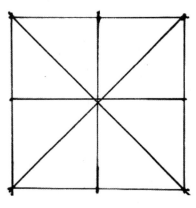
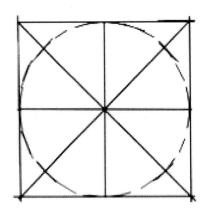
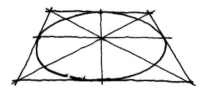

（4）这样圆球体的外轮廓就已经画出来了，那么我们如何去把圆球体的立体感表现出来呢？在画圆球体的立体感之前，先了解下圆的透视变化，画圆的透视，要借助正方形的透视变化，下面是几种常见的圆的透视关系。

平行透视平面的圆　　　　**两点透视的圆**　　　　**平行透视立面的圆**

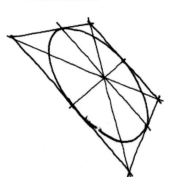
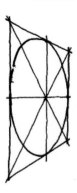
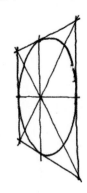

（5）在步骤4的基础上找出圆的透视变化，然后在已画好的圆形中依照圆球体的轮廓形画出一个透视的正方形与其相交，接着通过圆的直径做透视正方形图，再画出透视圆形，最后在此基础上画出圆球体的立体感。

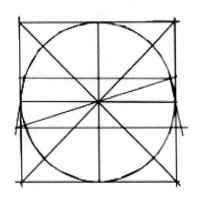
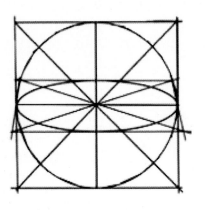
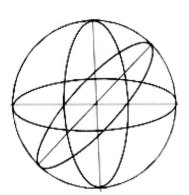

3.锥体

圆锥体和圆柱体存在着类似的特征，这两个形体其实是立方体和圆球体的部分结合特征的组合体。

圆锥体的结构形体如图所示。

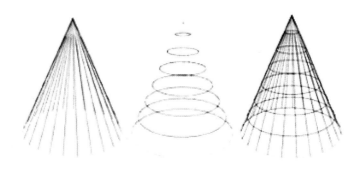

绘制圆锥体的方法

（1）画一个一点透视的正方形，作对角线求出中心点，然后通过中心点作水平线和垂直线画出透视圆，作为圆锥体的底部，接着过圆心作垂直线，并在相应的位置取一点作为圆锥体的高度。

（2）连接圆锥体的端点和圆的左右两个端点，圆锥体的形象就画成了。

通过对圆锥体的认识和绘制过程，不难发现，圆锥体的大小是由底部圆和所作的垂直线的高度决定的。

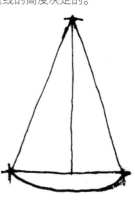

4.圆柱体

圆柱体和圆锥体一样，都包含着立方体和圆柱体的共同形态特征，从顶面看呈圆的形态，从侧面看呈现方形的特征。

圆柱体的结构关系就是由无数个等大的圆形叠加而成的，叠加的同时又形成侧边直线的结构形态。

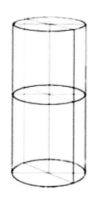
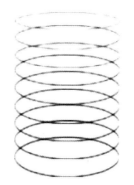
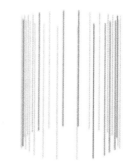

绘制圆柱体的方法

圆柱体可以通过长方体作为辅助手段，其形象表现就容易得多了。先画一个正方体，在正方体的底部作出透视圆，再连接顶部和底部的端点就画出完整的圆柱体了。

（1）画出长方形，注意确定宽和高的比例关系，然后在长方形的上下两端分别做辅助线，画出圆柱体上下两个面的深度，接着在长方形上下两个面上作出透视正方形。

（2）采用8点画圆法作透视圆，注意圆柱体上下两个面由于透视的原因会有宽窄的大小变化，应随视角的上下位置所确定。

（3）在圆柱体上进行结构分析，画出结构线，用线要注意虚实变化，以体现圆柱体的空间感，画出完整的圆柱体。

 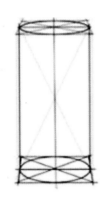 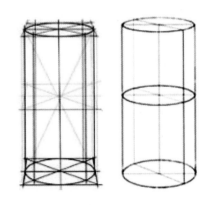

5.1.3 几何形体的组合练习

几何形体的组合练习，在绘画训练中具有重要的意义，它不仅需要画者能够把独立的几何形完整地表现出来，更进一步要求画者把两个或两个以上的几何形体组合在一起，表现它们之间的相互关系，更有利于对物体之间整体观念及主体观念的把握。室内空间是由很多的单体陈设和家具组合而成的，所以学习几何形体组合的练习是画好室内空间透视效果图的前提。

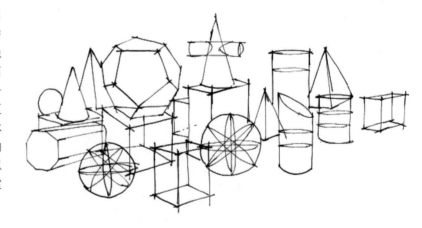

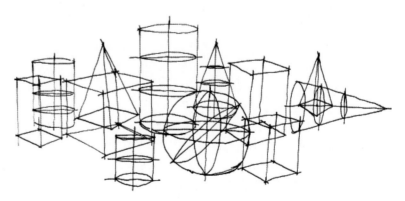

5.2 几何素描

5.2.1 素描练习

　　素描是一切造型艺术的基础，通过明暗关系的表达，在形体比例准确的前提之下，赋予形体的明暗变化在平面上表现三维立体的艺术效果，也是学习室内透视表现的首要课题。

　　结构素描也称为设计素描，它是以线条为主要表现手段，不加以明暗关系的塑造，没有光影变化，而主要强调突出物体的结构特征。结构素描的练习可以培养我们对物体的观察分析能力，空间形态变化的想象能力以及徒手准确地表达形体的刻画能力。对物体的感受主要从外轮廓开始，在光线的引导下，去寻找与外形的体、面有关的结构线，以这些点线为基准，按照透视变化规律，从内到外，从表面到里面，从模糊到清晰，反复观察比较和分析，逐渐去确定三维空间中的立体形态。结构素描是以形体的结构作为研究对象，通过线条这种表现手段，依靠透视基本原理来塑造。对形体结构关系的研究，是画好素描的基础。

5.2.2 素描中的明暗变化

　　在能比较准确地把握形体结构的基础上，逐步地加入光影，以简略的明暗关系塑造立体感和空间感。为了获得明晰的光影效果，必须借助较强的光影，并以光影与透视的原理为指导，更直观、形象地掌握光影造型规律和表现手法。在学习中，应该主要研究物体受光后产生的光影变化，根据明暗关系来塑造形体。通过学习，我们可以初步了解基本形体的明暗变化规律，懂得两大部、三大面、五调子是明暗造型素描的基本法则，并掌握其基本的作画步骤与经验，培养我们整体观察、分析事物和表现事物的造型能力。

1.明暗调子的产生

　　明暗调子主要是由于物体在光的照射下所产生的，使得静止的物体在光线的照射下变得有生命力，使物体的基本形态特征有了自身的特点，看起来更明确。所以在室内透视表现图中，不管是平面图还是立面图，均离不开对物体明暗关系的刻画，需要综合考虑光、物体、阴影三者之间的关系。

　　想要准确地把握住阴影关系，必须对各种光源条件所投影的规律有所了解。通过长期在实践中观察和分析，知道了各种光源在各种形态和多种环境条件下的光影变化，从而在物体表面产生丰富的明暗层次。明暗素描就是通过对这些层次的有机描绘来表现物体的空间、质量和量感等，光的照射角度不同，光源与物体的距离不同，物体的质地不同，物体与画者的距离不同等，都会产生不同的明暗变化。所以在体验几何体的明暗塑造中去掌握物体的明暗调子和基本规律是非常重要的，以便于能快速准确画出理想的画面明暗效果。

2.光与明暗调子的关系

光与明暗的变化可从有关4个方面来说明。
第1点：与光线投射到物体表面的角度有关。
第2点：与光线本身的强弱和距离物体的远近有关。
第3点：与对象物体和画者的距离有关。
第4点：与物体固有色的深浅及色度的强弱有关。
根据光照射在物体的明暗关系及其变化，可用两大部、三大面、五调子来概括。

两大部：即物体的受光部分和背光部分。

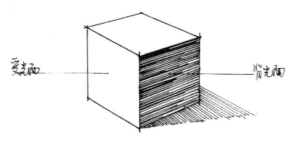

五调子：比如圆球体、圆柱体、圆锥体在光照下，从受光到背光的明暗变化非常丰富，明确调子比较微妙复杂，因此可以归纳为五个基本调子，即亮面、灰面、明暗交界线、反光和投影。

三大面：立方体是一切形体的基本，掌握立方体的明暗造型规律是学习明暗造型素描最重要的前提。在有光源的情况下，去观察立方体的时候，由于眼睛所能接受到的一种辐射同时也投影在物体上面，此时的立方体就会产生很明确的明暗关系及投影，我们就会把眼前的立方体受光后产生的变化归纳为亮面、灰面和暗面。

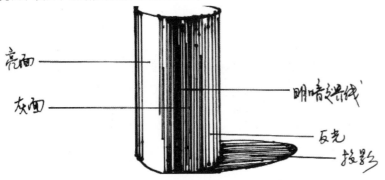

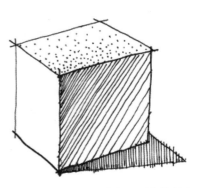

由于物体与物体之间存在着很大的特征差异，导致我们所观察到的明暗有所变化，比如方形物体和圆形物体的色调对比是不一样的。

垂直物体的明暗关系：对于垂直物体来说，其表现明暗关系会清晰一点。

渐变的特点：分界线清晰，明暗过渡急速。

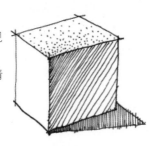

圆润形体的渐变关系：一般圆润形体的明暗关系相对来说过渡得比较模糊。在球体、圆柱体或其他表面弯曲的物体中，虽然有光线的照射，但是其明暗变化是很缓慢的，表现出有特征地渐弱或渐强。

渐变的特点：分界线模糊，明暗过渡缓慢。

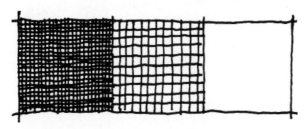

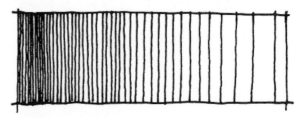

通过观察和绘制明暗变化过程，我们能感受到明暗变化好像颜色一样，它不是一成不变的，而是包含着微妙的变量，明暗的过渡是物体的本身结构特征所决定的。

06 室内设计阴影与质感表现

6.1 阴影的基本概念与练习

在室内透视图中，阴影的表现会使我们所描绘的形体具有光感、立体感和空间感，可增强物体和空间之间的关系，使物体更加清晰，层次分明，同时，还能烘托室内气氛，从而更能充分地表达设计师的意图，激发创意灵感。因此，阴影在手绘图中占有非常重要的作用。对手绘表现图来说，想把阴影刻画得很准确，也是比较难的，在本节内容里面只能简单扼要地介绍下它的基本概念和基本画法，以便于大家在绘制的过程中有所参考，不致发生较大的错误。

6.1.1 阴影的概念

阴影现象的产生，是物体受到光线照射的结果。在前面的内容中已经讲到过，在现实的空间中，光线总是通过光源沿着直线方向照射出去，物体在光线的照射下，直接受光的部分为亮面，背光部分为暗面，亮面和暗面之间的分界线我们通常称为明暗交界线或者是阴线，因被其他物体遮挡受不到光线的照射的面我们称为影面或者是投影，暗面又称阴面、阴影，是阴面和影面的合称。

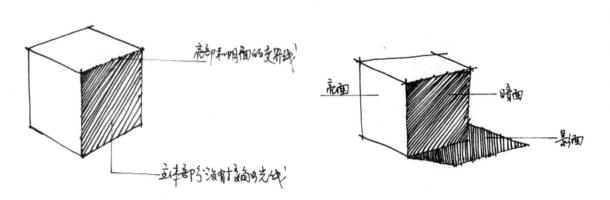

6.1.2 阴影的基本术语

亮面和暗面： 在光线的照射下，不透明物体有受光面和背光面，受光面为亮面，背光面为暗面。

阴线： 亮面和暗面的交界线为阴线。

阴点和阴足： 构成阴线的点叫做阴点，从阴点作垂线与基面的交点叫阴足。

影面： 因被其他物体遮挡受不到光线照射的物面叫影面。

受影面： 影所在的面叫受影面，阴与影统称为阴影。

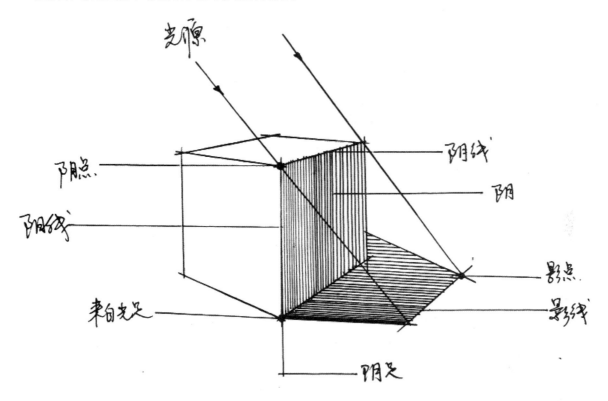

6.1.3 阴影的基本类型

通常室内所绘的阴影主要是由于光源的远近不同的变化所产生的，那么阴影通常情况下可分为日光阴影和灯光阴影。日光源距离远，光线一般成平行状；灯光源距离有限，光线一般成辐射状，所以两种光源所产生的规律是各不相同的。

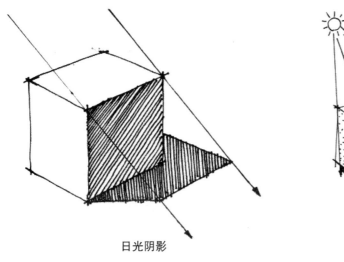

日光阴影

灯光阴影

6.1.4 阴影的基本画法

下图中，从光源的位置（光点）引直线通过阴点A，再从光点的基投影（光足）引直线通过阴足B（阴点的基投影），两直线的交点为影点A1，这就是直立杆在基面上阴影的基本画法。从图中可以看出，如果直立杆AB的一个端点（B点）在受影面（基面）上，那么B点的影点B1与B重合，B1和A1是直立杆AB在基面上的影线。

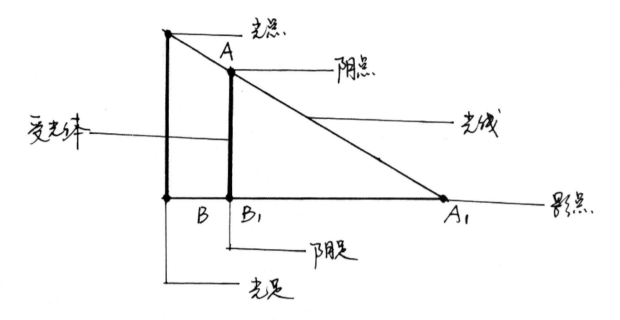

1.日光阴影的透视画法

如下图，在水平放置面上的方形框ABCD中，AB、CD分别垂直于水平地面，假想的日光光线经过线段顶端A和C两点与地面分别相交得到两个落影点A1和C1。由A1和C1引线至线段底端，与地面交于点B和D，就得到了线段AB和CD的落影。

2.灯光阴影的透视画法

在下图中，立方体为平行透视，L是光点，L1是光足，画出形体的阴影。

作图方法：由光点L向阴点A、B、C引直线，由光足L1向阴足a、b、c引直线，交点A1、B1、C1为影点，依次连接各个影点，即是形体的阴影。

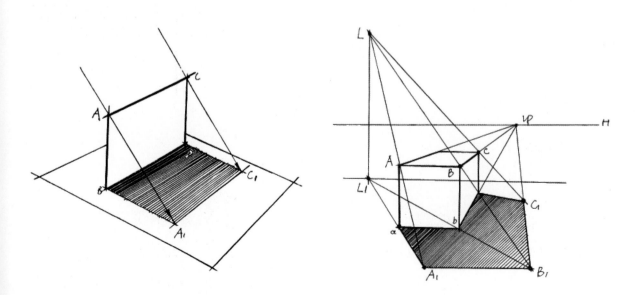

6.2 物体阴影的表现方法

6.2.1 用线条表现阴影

对于手绘透视图的表现来说，不需要像用铅笔塑造素描一样有微妙的过渡变化，达到均匀细腻的效果。只需要着重把几个结构区域交代清楚即可，通过线条的疏密排列来体现形体的转折与明暗阴影关系。下面介绍几种用线条表现形体的阴影关系的方法。

以立方体为例，假设在同一种光源下有以下几种表现的手法。

第1种：线条45°排列法来表现。先从方体的明暗交界线开始排线，要注意整个面的虚实关系，靠近明暗交界线的地方可以画得密一点，线条尽量清晰、有力度，然后逐渐画得疏一些，同时也要考虑到对反光的把握。

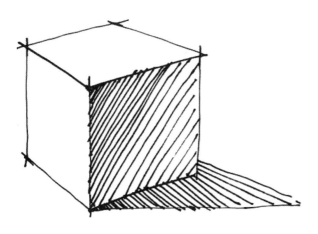

第2种：沿着明暗交界线的方向进行竖线的排线。在排线的过程中，要注意前后的虚实关系和暗面色调的深浅关系，对于不在同一个面上的线条，要尽可能地选择不同方向的排线加以区分。

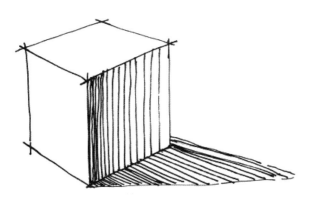

第3种：沿着明暗交界线的方向进行横线的排线。在排线的过程中，要注意暗面的上下疏密渐变关系。

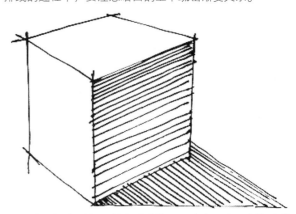

第4种：在时间比较紧迫的情况下或者是在一张快速草图表现中，也可以尝试用一些乱线来表现形体的明暗关系，可以画得很随意、很灵动，出来的效果反而很直率、自由，使画面更为生动、活泼，富有强烈的艺术表现力。

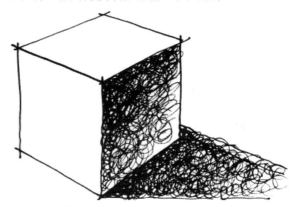

第5种：除了用线条表现以外，用点来表现阴影同样也能出效果，但是由于耗费时间较长，所以此方法使用的频率较少。点的方式多用来表示灰面，一般点的密度直接影响到面的灰暗程度。通过点的大小和密集，还可体现面的空间与进深。

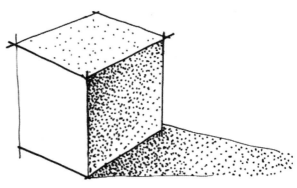

6.2.2 简单形体的阴影练习

　　简单形体的阴影练习有助于对后期整体明暗关系的刻画和把握，有的初学者往往会找不准光源的方向和明暗交界线的位置，所以表现出来的形体明暗不分，导致画面显得杂乱无章。其实简单形体的明暗和阴影的表现是最简单的，比如可以沿着明暗交界线画垂直线条，或者是沿着透视灭点的方向来排线以绘制阴影。

　　接下来将一些简单的形体进行叠加、缩减来构建不同的几何形体，希望大家多练习。

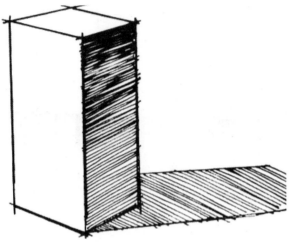

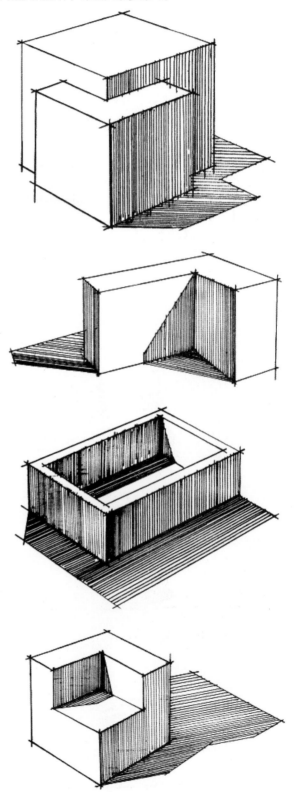

　　对于转折面比较强的一些形体容易把握一些，只要找出其关键的转折面进行排线来表现阴影即可，那么对于一些曲面或者是转折面较缓的形体，我们该如何去表现呢？下面我们以圆柱体为例，为大家解析如何绘制其阴影。

　　首先选择绘制一条明暗交界线的位置，明暗交界线的位置一般是根据绘图的角度和光线的强弱来确定，所以圆柱体的这条线需要我们自己来确定。然后沿着明暗交界线的两侧排线，在明暗交界的位置可以排密点和重点，暗面的排线要比亮面的较为密集，亮面和灰面较为稀疏，这样就可以表现出是一个曲面。在表现投影的时候，一定要注意排线的方向一定要与暗面不同，这样才能区分开两个面。投影靠近前面的可以画得密点，到后面的就慢慢地淡下去。

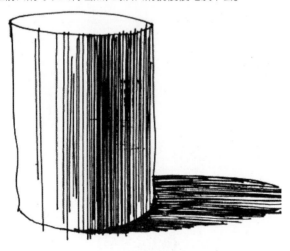

6.2.3 用线条表现室内光线的变化

室内光线的变化用线条如何表现，这是个比较有难度的问题。由于手绘表现用笔除了铅笔之外，是很难通过色调过渡来绘制深浅不一的明暗变化的，所以相对室内手绘表现来说，用线条表现细微的明暗变化显得非常困难。

在前面的大量线条练习中，我们学会了用线条排列的疏密间距来体现色调的微妙变化。通过线条的排列和组织，可以把一个物体在不同强弱光线下的效果给表现出来。

下面以室内逆光源为例，用线条来表现出光线的强弱变化。

很明显可以感觉到这个时候的光线是最强的，一般会在正午时间段，此时的画面明暗对比较为强烈，投影的颜色比较重。

这幅图中的明暗对比就没有正午时那么强烈，受光面和背光面的对比减弱，原来的亮面也变成了灰面，整体画面比较灰暗一些。

接近黑夜时，几乎没有阳光的照射，此时的光线较弱，地面上的投影基本上没有，四周的墙体色调很接近，没有太大的对比度，整体画面显得较暗。

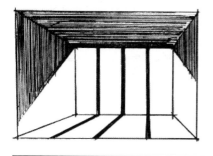  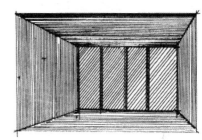

6.2.4 草图中阴影表达的光源变化

阴影是物体在光照射下所产生的，那么，室内透视表现图的立体感、空间感均离不开对阴影的刻画。阴影在物体基本形态特征下都会产生自身的特点，同时又与地面环境保持一致，在透视图表现时应综合考虑光、物体、阴影三者之间的关系。

想要准确地把握住阴影关系，必须对各种光源的投影规律有所了解。通过在长期的实践中观察和分析，要掌握各种光源在各种形态和多种环境条件下的光影变化，以便于能快速准确地画出理想的光影效果。

一般在室内的光影中，重要的有以下几种情况。

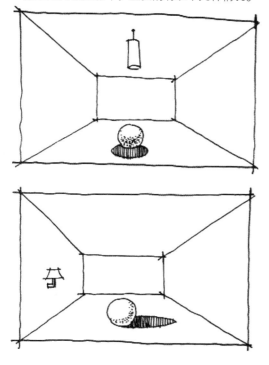 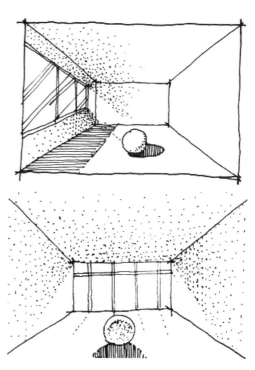

6.3 阴影在室内表现中的应用

　　阴影是光照射到物体后所产生的，阴影的形态主要是取决于光的形式和物体本身的形态。当围合空间的各个界面上有投落的阴影时，就可以把室内空间的大小、形状给展现出来，并给人们留下深刻的印象。运用阴影表现室内效果可以反映出室内空间的形态，加强空间的表现力，强化人们对空间的认知，同时也丰富了空间的造型。通常在做室内表现图时，往往会运用到平面、立面和透视图，下面从这3方面来为大家做示范和分析。

6.3.1 阴影在室内平面图中的应用

　　这是一个室内空间的平面图，从这幅图上看到的只是一些家具的平直摆设，和物品的外形直接贴在画面上，看上去比较单调，也不了解这些室内物品的前后上下空间关系，画面没有产生空间层次感。

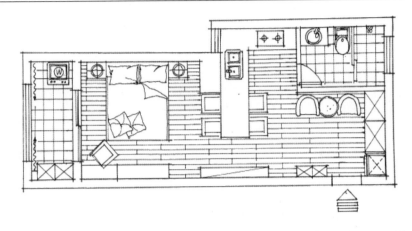

　　通过阴影的表现，找出了家具与家具之间的上下、远近的关系，平面的物体立刻就有了立体和空间感。利用阴影的造型语言，可以使得平面上的物体活泼生动起来。

　　通过上面两幅图片的对比，可以明白阴影在室内平面中的作用。

第1点：表现室内家具与周边环境之间的关系。

第2点：表现家具与家具之间的关系。

第3点：表现家具和物品的垂直关系。

第4点：将二维图片转换为三维立体效果。

6.3.2 阴影在室内立面图中的应用

在室内立面设计中，为了避免平直而产生的单调感，都会在墙面上做点造型或者是增添一些艺术挂件，让其产生前后空间变化，从而加强立面的表现力。通过这些形体的构造在阴影的作用下产生强烈的形体对比，可以很明显地反映出立面的凹凸、深浅和明暗。

右图中，我们只看到了物体简单的轮廓，画面上的各个形体比较单薄，缺少画面视觉感染力。

我们通过光线的来源，找出了立面上物体的左右关系，物体与物体的前面关系。确定出阴影的位置，使形体产生变化，这就使得在立面图上的物体与物体的空间错乱感增强，避免了画面的单调感。

立面图加上了阴影后，就很容易观察出物体之间的关系，比如体块的前后、左右关系，通过前后的阴影刻画，衬托出立面的前后空间感，本来是二维的图片，很快就变得有三维感了。

最后，可以对材质加以刻画，使我们更能看懂整体设计的立意，同时也加强了画面的表现力。

6.3.3 阴影在室内透视图中的应用

　　阴影在室内透视图中有着重要的塑形作用，可突出室内的光感和意境。前两者的重要作用都体现在这里，所以阴影在室内透视图中的应用及其重要。

　　如图，没有阴影的室内透视图显得比较单薄，所有的家具和陈设感觉飘起来了，体积与空间感觉完全没有。

　　加入阴影以后，画面的整体效果立刻体现出来了。

6.4 室内材质的表现

在室内设计表现图中，会涉及各种各样的装饰材料的表现，其材质的表现在一幅画中往往处于十分注目显眼的位置，对整体画面起着至关重要的作用。如果可以清晰地表现室内材料表面的材质和光影效果，会使效果图看起来更加得逼真，直接影响着表现图的真实性与艺术性，故在平时的基础训练中将它们作为重点对象进行充分、深入的刻画，从而掌握表现它们的各种手段和规律。

6.4.1 材质的分类

室内装饰材料在室内装饰中起装饰的作用，而室内设计总体效果的实现，是通过室内装饰材料的应用和室内配套产品的质感、色彩、形体和图案等因素来体现的，所以作为室内设计人员，必须对室内的材料有所了解和应用，同时需要对其材质有娴熟的表现技巧。在室内表现图中，一般要掌握几种常见的材料：木质、金属材质、玻璃材质、石材、砖材、藤制等。

在正确的透视关系下，用线条也可以表现物体的材质。运用线条的粗细、曲直、虚实与刚柔等特性，甚至是我们拿起笔轻轻在画纸上随意画上几笔直线或者是斜线，都能表现出不同材质的质感。表现好材质需要我们长时间对不同型材进行反复观察，从中把握材质机理的特点和规律。通过线条的组织与塑造，可给画面的物体添加坚实的骨架，为后期色彩表现打好扎实的基础。

为了能够使画面的光影和材质看起来更加真实，在绘制中需要通过排线的方法表现光影的过渡和质感的区别。

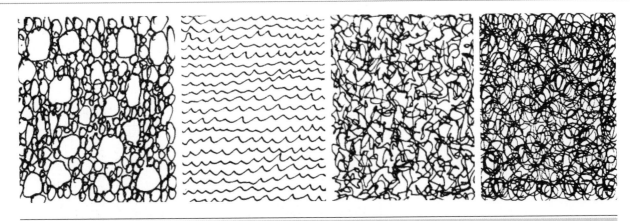

6.4.2 不同材质的表现

1.木纹材质的表现

木纹的表现主要是突出木材纹理的自然和细腻感，把它美丽的纹理和色泽通过自然的线条表现出来。木纹用线条表现最大的特点就是线条感要随意自然一些，不要采用机械化的表现形式。一般主要是表现地板、家具表面上的装饰面。

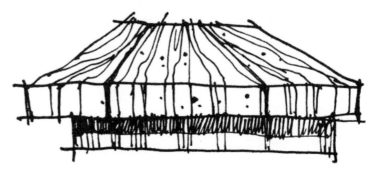

在室内空间的设计中，常常会用到大量薄木贴面板的拼接图造型，它能给空间增添一些形式美感。所以我们有必要进行反复的练习，以便从中找到绘制木材纹理的基本规律和表现手法。

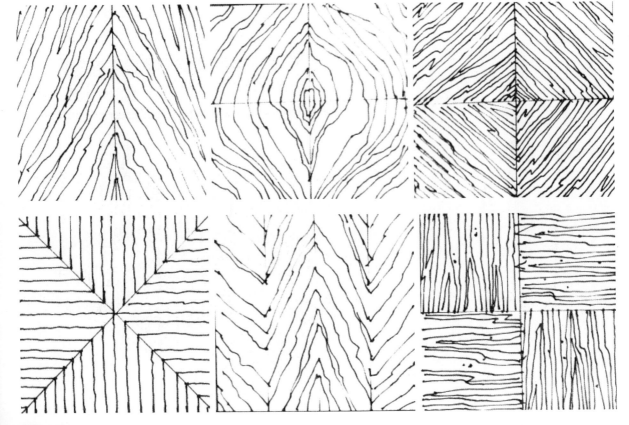

2.不锈钢材质的表现

目前，室内设计中不锈钢材料的使用十分普遍，它能丰富空间的视觉效果，烘托室内时尚气氛。为了在表现图中更好地表现其材质的特点，需要掌握以下4个要点。

第1点：不锈钢的表面感光和反映色彩均十分明显。

第2点：受各种光源的影响，受光面明暗的强弱反差很大，并且有闪烁变幻的动感；背光面的反光也极为明显，特别是物体的转折处，明暗交界线和高光的处理可以夸张一点。

第3点：不锈钢属于金属材质，大多都比较坚硬光挺，为了能表现其硬度，可借用尺子来作图，快速地拉出边缘线条，用笔要流畅、果断。

第4点：在练习过程中，一定要观察周围物体的形态折射到不锈钢上的变形规律。

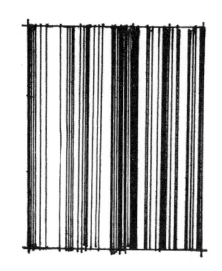

3.玻璃与镜面材质的表现

玻璃和镜面属于同一种基本材质，只是镜面加了水银涂层后呈现照影效果。主要特征是有透明和不透明的区分，对光的反应都十分敏感，平整光滑。

4.粗糙面材质的表现

粗糙面材质涉及的比较多，比如石材、砖材、编织物和藤制品等。其本身的纹理变化无穷，根据其纹理的独特效果，和材料本身的性质来表现，可综合运用线条给予生动的表达。

石材的表现

石材质地坚硬，表面光滑、稳重，纹理自然变化多样，深浅交错。

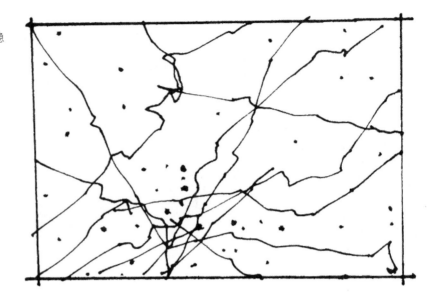

砖石墙的表现

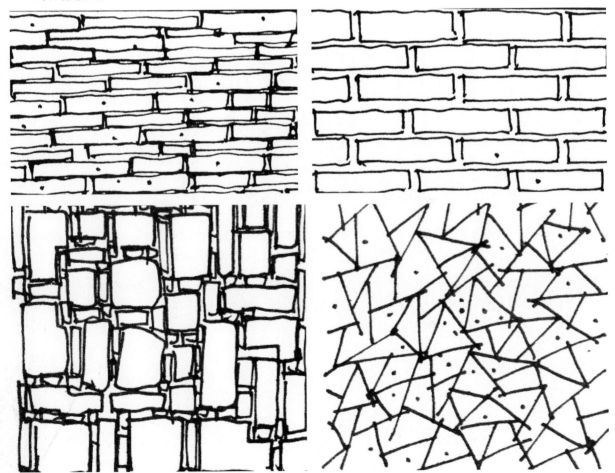

5.编织物的表现

织物是人们生活中必不可少的物品，也是室内陈设的重要内容，如室内的地毯、窗帘、桌布、沙发等。它们一般都有着丰富多彩的个性，在具体的室内装饰中能起到柔化空间的作用，与其他硬性的材质形成一定的差异和对比。其柔软的质感和丰富的色彩可给空间带来温馨和亲切感。在表现的过程中，用笔可以轻松和欢快一些，以表现其柔软的质感，增强画面的艺术感染力和视觉冲击力，并能调节空间的色彩和场所的氛围。

6.藤制品的表现

在藤制品的表现上，往往是按照一定的规律来排列线条的，在线条的把握上应该注意按照物品本身的排列顺序来细致地刻画和表达，通过线条的排列多少来体现其虚实感。

07 设计中的画面和透视图

7.1 画面的基本概念

7.1.1 画面的概念

当我们站在玻璃窗前，身体站直不动，睁开一只眼睛观看窗外的景物，再用笔将所见的景物描绘在平坦放置的画纸上，在这幅画面上将三维景物的形状描绘在二维的平面画纸上，使人产生空间立体的视觉印象，那么这张平面画纸我们就把它称为画面。从透视学的角度来说，画面就是画者与被画物之间放置的透明平面，被画物上的各关键点聚向目点的视线，将物体图像映现在透明平面上，该平面就称为画面。

下图较好地诠释了画面的原则，由视点向立方体上所能见到的点引视线，将视线与透明平面所交的这些点用直线连接，这些点所产生的平面就形成画面。

在写生的过程中，就是把所看到的物体假想投影在玻璃板上，依照物体把它画在纸面上，要学会把实景中的远近物体看成是镶嵌在垂直板面上有着透视变化的形态，然后逐步地描绘在画纸上。在初学素描的时候，观察大小不同的物体，常常会用手握住铅笔伸直手臂，用眼睛测量物体与图形之间的比例关系，然后在图面上进行描绘。

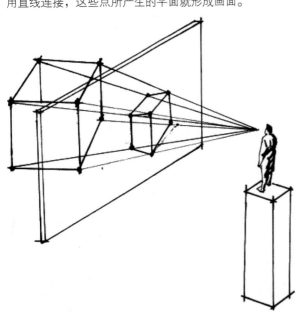

7.1.2 以地面为参照

通常想要把物体呈现在画面上，一般都会以地面作为参照：在观察者、画面和物体都位于同一个地面的基础上，可以把被看见的物体看成是镶嵌在垂直板面（画面）上有着透视变形的影像，然后再把它画在纸面上。这个原则是所有平面透视图的基础。

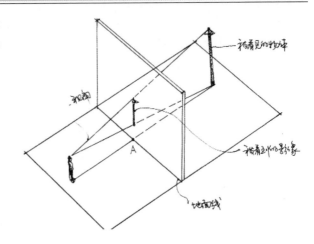

7.1.3 画面垂直于视中线

画面首先是要和视中线保持垂直状态，只有在这种状态下才能保证我们所描绘的物体准确，不然描出来的物体会变形导致失真，因此，画面必须与画者颜面平行，与视中线和视平线保持垂直。当然随着视向的变化，画面对地平线也会出现下面几种变化。

平视：视中线与视平面平行于地面，则画面垂直于地面。

斜俯视：视中线与视平面向上倾斜于地面，则画面下斜于地面。

斜仰视：视中线与视平面向下倾斜于地面，则画面上斜于地面。

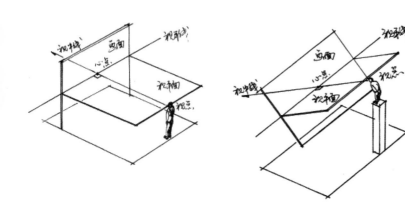 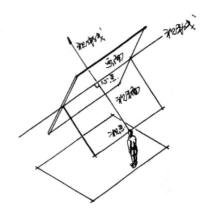

正俯视和正仰视：视中线与视平面向上和向下垂直于地面，则画面平行于地面。

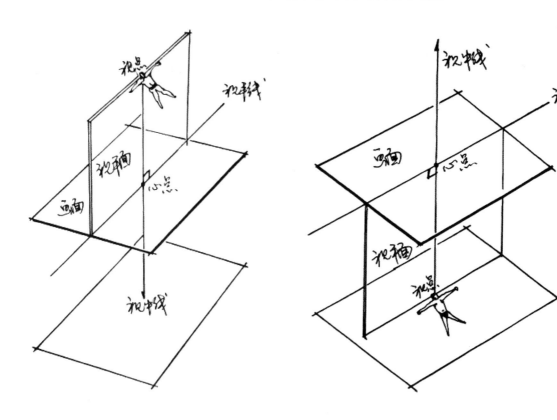

7.1.4 画面的远近

在对一个物体进行写生描绘时，都会对该物体进行取景，取景框一般在画面中央60°角视圈范围之内，但是画面的平面是无边无际的，当我们自身平行移动时，画面物体的大小也在发生变化，但物体的形状不变。在室内透视图的绘制中，画面可以设置在主体物前面、后面，或者是在中间，主要是根据绘图的方便而定，但是每幅画只能设一个视距，不能走来走去换多种视距去画同一幅场景。下面以室内客厅空间为例，画出离画面不同距离的图像进行对比一下。

如下图1：景物和画面位置固定不变，由画者A在前面，画者B在后面，形成两个视距不同的远近距离。此时，两幅图的取景范围相同，但两图的景物透视图像则有所不同。

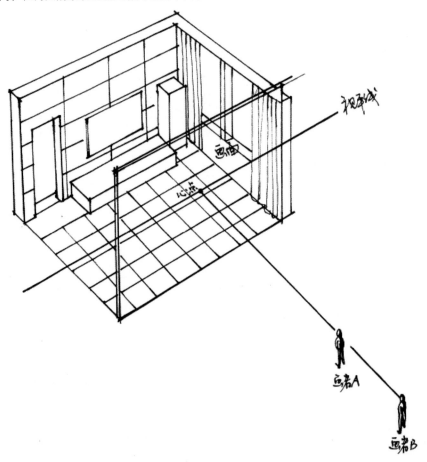

A图：视距近，画者A所见。   B图：视距远，画者B所见。

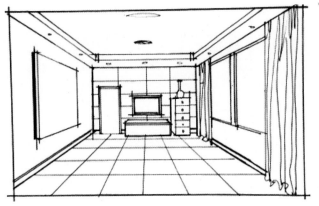 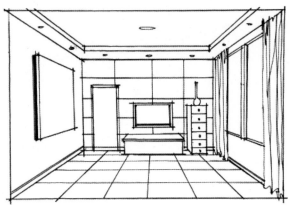

图1

　　如下图2：景物和画面位置不变，由画者前进后退的两视距远近不同，两图的取景范围相同，产生的景物透视图像也不同。

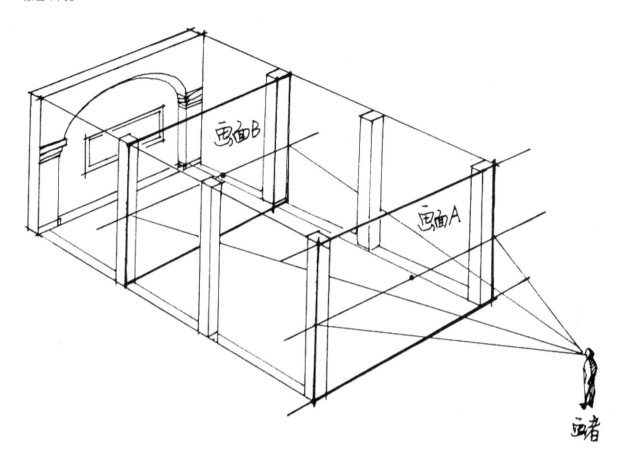

A图：视距近，画面A图   B图：视距远，画面B图

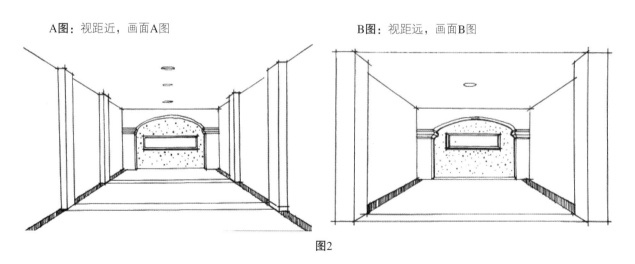

图2

　　所以我们在画透视效果图时，常根据构图的需要来自行设定画面的远近。一般情况下，如果是要表现一个大场景，或者是非常有气势感的画面空间，都会采取近视距的表现方式，因为近视距的视角大，表现出来的空间深度比较强，远近物体大小悬殊，画面也比较动感。

7.1.5 画面的灭点

画面的灭点一般具有4层意义，即无穷远的灭点，景物中的灭点，画面上的灭点，还有素描中的灭点。对于绘画者来说，前3种意义可以视为一个，即视域中的唯一点。通过下面的图示可以让我们理解得深刻一点。

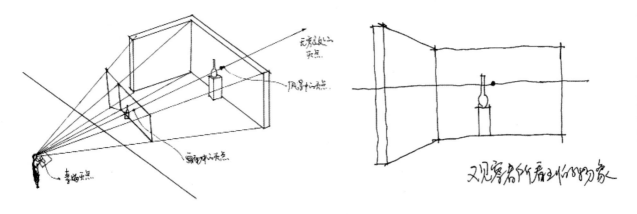

7.1.6 画面的视平线

视平线是视平面与画面的垂直交线，下面以两面相互垂直的墙为例介绍一下视平线。如图，墙的两个方向分别为D1和D2，并延伸出两个灭点V1和V2，如果将两个灭点进行连接，可以得到和观察者眼睛齐高的视平线。

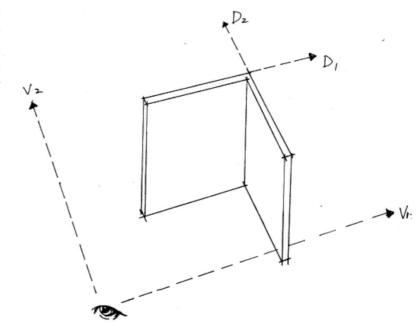

观者所看到的生成状态如下图所示。

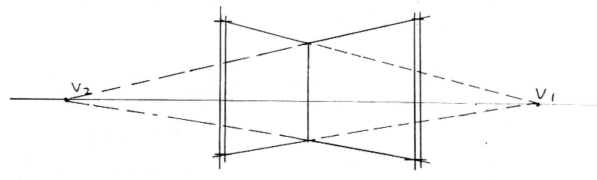

7.2 透视图

7.2.1 透视图的概念

透视图是指通过对景物的观察归纳出视觉空间的变化规律，用画笔准确地将三维空间的景物描绘在二维空间的平面上，被画的景物上各个关键点的每条视线，穿过我们假想的透明平面上所交得的点线痕迹，通过勾线连接这些点线的痕迹所成的轮廓线就是透视图。透视图会使人产生空间的视觉印象，得到相对稳定的立体特征的画面空间，其实透视图最终是表现在画面上。

7.2.2 透视图的画面框取

当绘制者开始进行绘制透视图时，一般会在画纸上进行上下、左右的定位，也就是我们通常所说的构图。其中灭点的选择定位是一幅透视图中的关键，如果把灭点的位置定位在画面之外，就会产生视觉上的不平衡感，导致画面不完整。下面我们来看几张室内透视图的框取。

画面表现物体整体偏小，画面空洞。

画面太满，缺少空间感。

正常的透视图。

7.2.3 透视图的意义

我们学习透视的知识，要掌握其中的透视规律，然后用最直接有效的表现方式给予表达，那么画好一张透视图的表现究竟有何意义呢？

第1点：通常所做的设计是需要图去表达构思的，在众多设计领域中，包括建筑设计和工业设计等都需要通过表现图去传达设计思路和创意给使用者，也就是通过图画来进行交流与传递。

第2点：对于从事表现艺术设计行业的人来说，透视图都是很重要的，无论你从事美术、建筑设计还是室内设计，都必须掌握如何绘制透视图，因为它是一切作图的基础。透视可以帮助我们把想象当中的设计内容通过图画表现成为真实，这一变化是建立在完美的绘制透视图上面的。

第3点：透视图是把我们所要表现的场景（平面、立面或者是透视空间）包括三维的形体转化成具有立体感的二维空间的绘图技法，并能真实地再现设计师的设想。在此基础上，还要对画面的构图、材质和色彩搭配以及对光线的研究上给予生动的表现，以达到画面的真实感。

08 室内单体及组合透视练习

8.1 沙发的透视画法

在前面章节有阐述到我们所接触到的物体都可以把它归纳为方形平面或者是体块的组合体，接下来我们所要绘制的室内单体也不例外。

下面以沙发为例，把它概括成一个立方体的概念进行沙发透视画法的步骤示范。

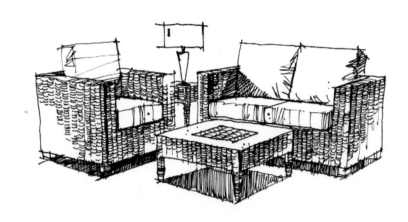

8.1.1 沙发分析

1.沙发的结构分析

通过将沙发进行拆开剖析，可发现其复杂的形体是由几个简单的基本方块形体组合而成的，大致可分为沙发的靠背体块，左右扶手体块和沙发的坐垫，所以在绘制沙发的过程中，要时刻考虑到沙发的每个体块构成和块面的透视关系。

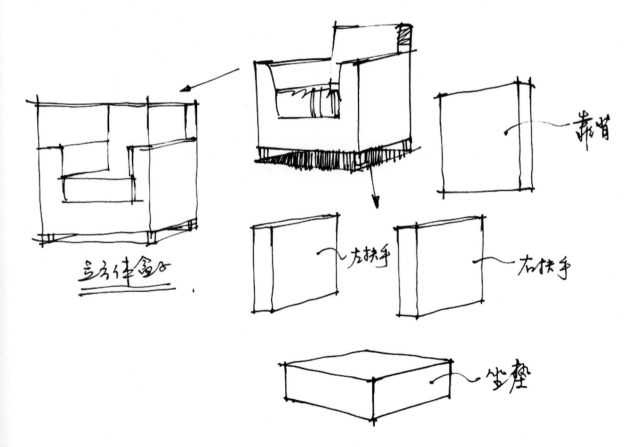

2.沙发一点透视步骤分析

（1）选择一个沙发的面（正立面或者是侧立面）与画面平行。

（2）确定灭点的位置。一点透视只有一个消失点，所以只需要确定一个灭点。

（3）把沙发面上的各个角向灭点作连接线，并画出沙发的深度。此时一个沙发体的立方体轮廓就画出来了。

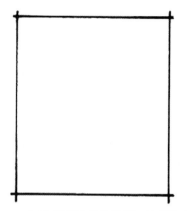

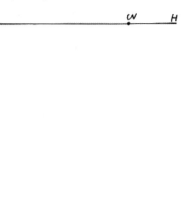

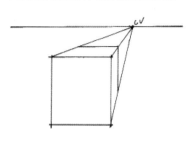

（4）根据沙发的造型、比例和高度的相关尺寸，准确地画出各个部位的连接。

（5）添加细节，完成沙发的绘制。

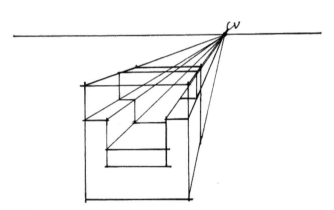

提示

其实沙发就是一个立方体的盒子，在盒子形状的基础下再变为其他的造型。所以在学习一个新的物体时，可以先将它归纳成一个整体的立方体，然后再一步一步地去进行分割细化，从中找到最佳的方法。

3.沙发在不同视线下所生成的状态

当表现一个沙发时，首先应该确定透视角度，是仰视？平视？还是俯视？下面将这3种状态都画出来，以便大家能够明确地参考它们之间的变化关系。

第1种：仰视状态下的沙发。在这种情况下能看到沙发的正前面、侧面和底面，不过仰视的状态在室内手绘中一般是不常见的，因为沙发一般是处于视平线中或者是视平线的下方。

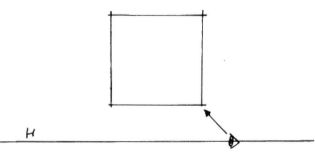

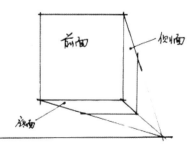

第2种：平视状态下的沙发。这种情况较为普遍，是在我们的视线中应该可以看到的透视沙发。

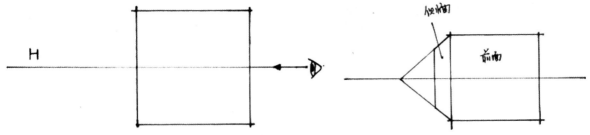

第3种：俯视状态下的沙发。当物体低于视线的时候，在眼中的物体的透视影像如下。

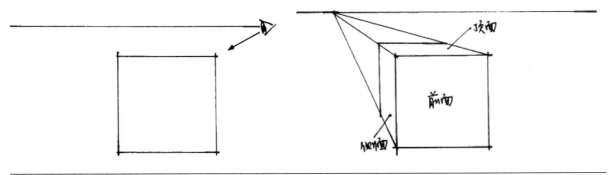

8.1.2 单人沙发的透视画法

1.单人沙发两点透视画法一

（1）将复杂的沙发形体在确定视角的情况下，归纳成一个简单的立方体盒子。

（2）在立方体盒子里画出沙发的结构和比例关系，每画一笔都要注意透视关系，所发生的透视线应该向两个灭点消失在同一视平线上。

（3）细致刻画沙发的结构和每个转折面。因为沙发的材质面一般偏柔软，所以线条可以稍微柔和一点。

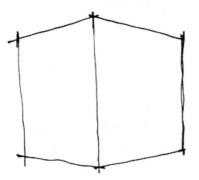
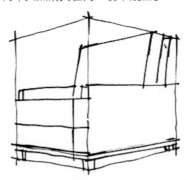

（4）画出沙发周围的配饰，丰富家居氛围，去掉多余的线条，加强明暗关系，再给予细化直到完成。注意每个物体的形体不一样，所刻画物体的暗部和阴影的线条排列手法也不一样。

2.单人沙发两点透视画法二

（1）确定视平线。视平线的位置主要取决于我们的视线，一般视平线有3种情况，即沙发在视平线上方、沙发在视平线下方、沙发在视平线上。现在我们确定沙发在视平线的下方。

（2）确定灭点的位置。在两点透视的原理中讲到两点透视有两个消失点，所以确定两个灭点（左余点和右余点）。

（3）确定沙发的垂直线条。

（4）通过测点法求出两点透视沙发的深度，并作好沙发的立方体的轮廓特征。

（5）根据沙发的造型和比例尺寸，准确地画出各个部位的连接。

（6）完善沙发的细节。

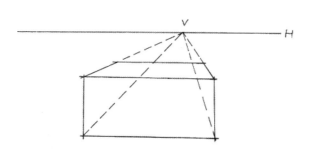

8.1.3 双人沙发的透视画法

1.双人沙发的透视分析

下面是一点透视的双人沙发示意图。

两点透视沙发和一点透视沙发的区别在于表现的角度不同，角度发生变化，呈现出来的透视效果也是不一样的，所以在练习的过程中，要对不同角度和不同场景中的沙发进行多方位的观察和表现练习。

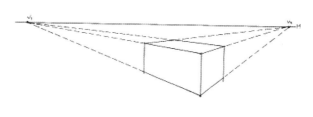

2.双人沙发的一点透视画法

（1）概括出双人沙发的体块形状，准确表现出立方体的透视关系，这种方法能够帮助我们更加准确地把握沙发的透视关系。

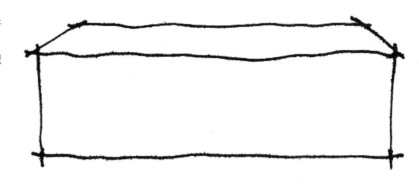

（2）将双人沙发进行几大面的区分，细化出沙发的结构和各立方体的组成。

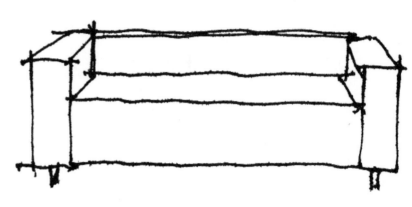

（3）根据沙发的不同材质特点，利用柔美的线条勾勒出沙发体块的线稿，并添加抱枕等配饰来丰富沙发的前后空间层次关系。

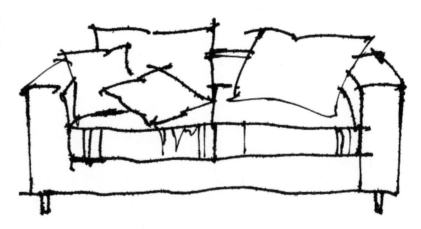

（4）对沙发进行深入刻画，表现突出沙发的体积与明暗，使抱枕更有立体感和层次。

3.双人沙发的两点透视画法

（1）画出双人沙发的体块形状，准确表现出立方体的透视关系。

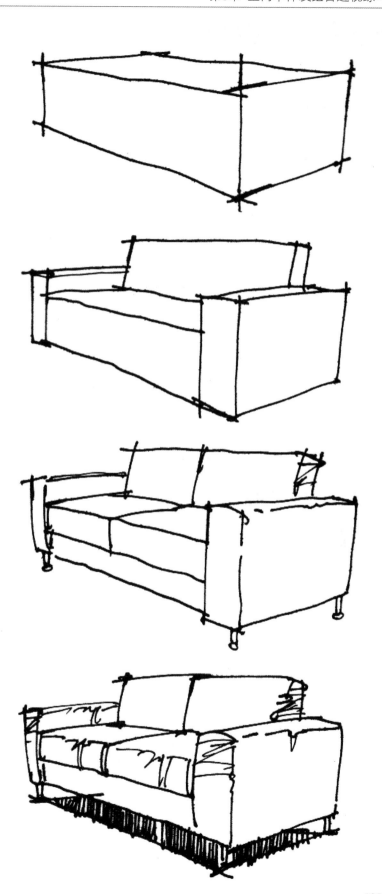

（2）将双人沙发进行几大面的区分，细化出沙发的结构和各立方体的组成，并注意左右扶手的前后大小，以及近高远低的透视关系。

（3）在沙发体块的基础上，通过线条勾勒来加强沙发的柔软度和质感。

（4）对沙发进一步深入刻画，表现突出沙发的体积与明暗，以投影的刻画来加强沙发的空间感。

> **提示**
>
> 在双人沙发的练习中，长和宽要把握得当，避免出现比例失调现象，加强透视感的塑造，做到近大远小，近实远虚的视觉效果。

8.1.4 多人组合沙发的透视画法

1.多人组合沙发的透视分析

多人组合沙发的透视表现和单体沙发的表现方法与步骤基本一致，只是在单人沙发表现的基础上再添加几组沙发。在表现的时候，仍然可以把它进行方体的整体归纳，对所要表现的多人组合沙发在空间里所处的透视角度和周围的变化关系要准确到位，确定是一点透视还是两点透视。下面分析一下组合沙发是由几个单体沙发组合而成的，并注意它们之间的大小和位置关系。

组合沙发一点透视分析

表现多人组合沙发时，先分析出组合之间的场景和它们之间的位置关系，然后确定一点透视的灭点和视平线，接着确定每组沙发的一个立面与画面平行，并将所有的点连接于灭点，最后确定沙发的深度。

下面是一组一点透视多人组合沙发的透视示意图。

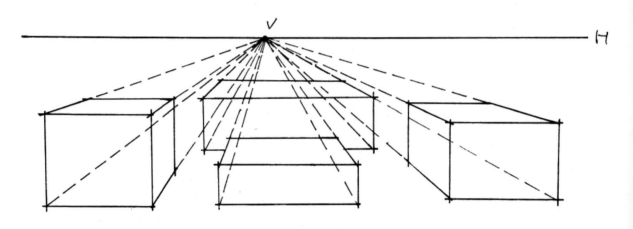

组合沙发两点透视分析

分析出两点透视组合沙发在空间中的场景和它们之间的位置关系，因为两点透视有两个灭点，所以先确定好画面上的两个灭点和视平线的位置。在前面的理论讲解中得出两点透视只有垂直方向的线条与画面垂直，其他立面与画面发生角度，所以先确定出每组沙发的垂直线（面与面之间的转折线），然后将所有的点连接于两个灭点，最后确定沙发的深度。

下面是一组两点透视多人组合沙发的示意图。

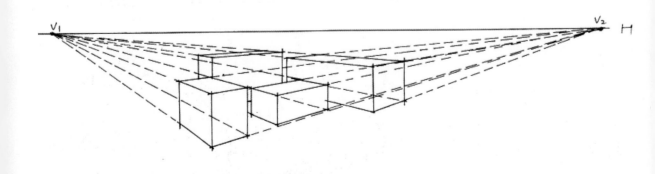

2.多人组合沙发的一点透视画法

（1）先定好视平线和灭点的位置，并把沙发的形体用体块概括出来，然后找出其中一个面与画面平行，接着确定沙发的长、宽、高。这一步不用考虑更多的细节，主要是画准一点透视关系。

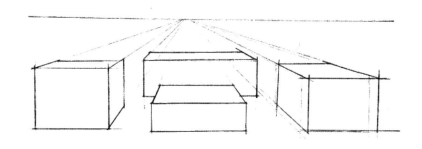

（2）细画沙发的结构、比例和透视的关系，注意结构透视线都消失在同一个灭点上。

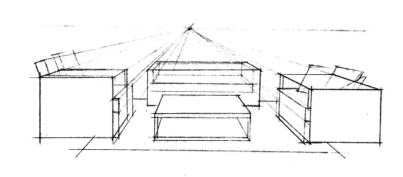

（3）去掉多余的线条，并通过不同的线条表现出沙发的材质，再画出周边的配饰。

（4）深入刻画组合沙发的各个关系，并加强明暗关系的处理，然后完善周围的配饰。注意用笔和用线一定要讲究画面的整体效果，做到笔到意尽，一气呵成。

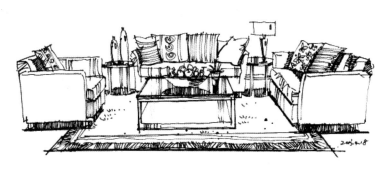

3.多人组合沙发的两点透视画法

（1）确定好灭点和视平线的位置，把组合沙发归纳为一组透视立方体，并确定沙发的长、宽、高的比例关系和透视特征。

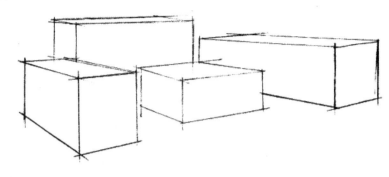

（2）划分出沙发的3个面，并刻画出结构、比例和虚实。

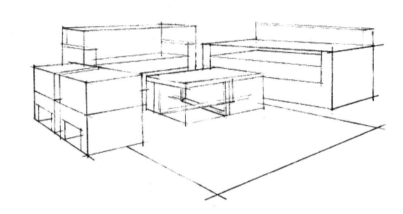

（3）去掉多余的线条，使画面更干净、利落，然后用轻快柔美的线条刻画出沙发的结构和细节部分，接着增添各种配饰，并完善室内家居氛围。

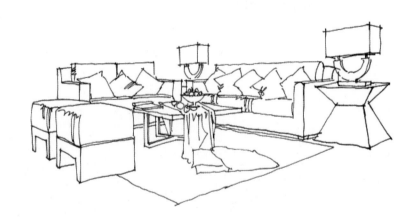

（4）加强明暗对比关系，画出物体的阴影，并丰富画面的视觉效果。

8.1.5 沙发的绘制练习

沙发是家具的重要物件，其形态和种类非常多，有不同风格和不同材质之分，所以表现沙发应根据不同的质地运用不同的表现手法。

1.单人沙发的绘制练习

此组练习主要以单人沙发为主，在表现时要注意沙发结构的转折，其转折线的勾画能表现出沙发的质感。

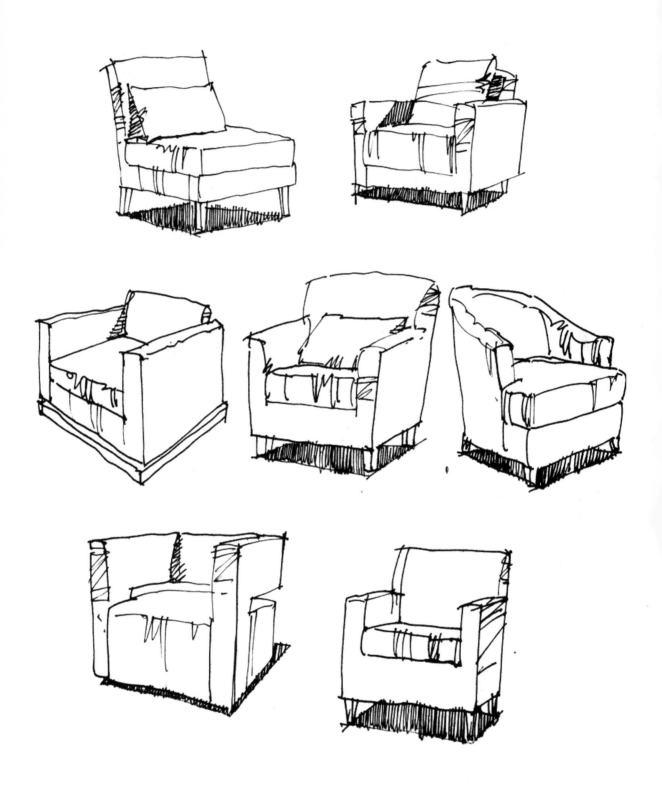

2.双人沙发的绘制练习

双人沙发根据造型和风格的不同，呈现出千变万化的形态，但不管它们之间如何变化，其基本形状都是一样的，都可归纳于一个立方体盒子的概念，基本结构与画法和单人沙发类似。

3.多人沙发的绘制练习

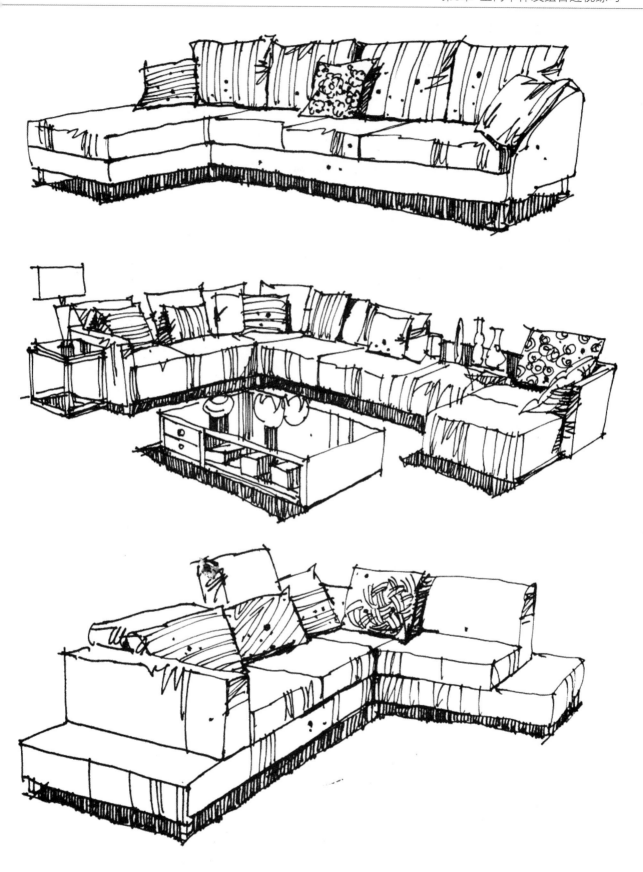

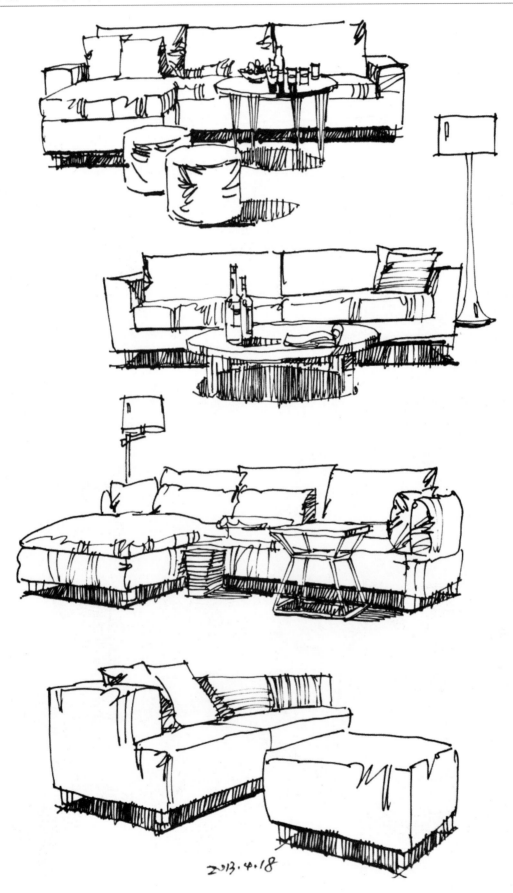

2013.4.18

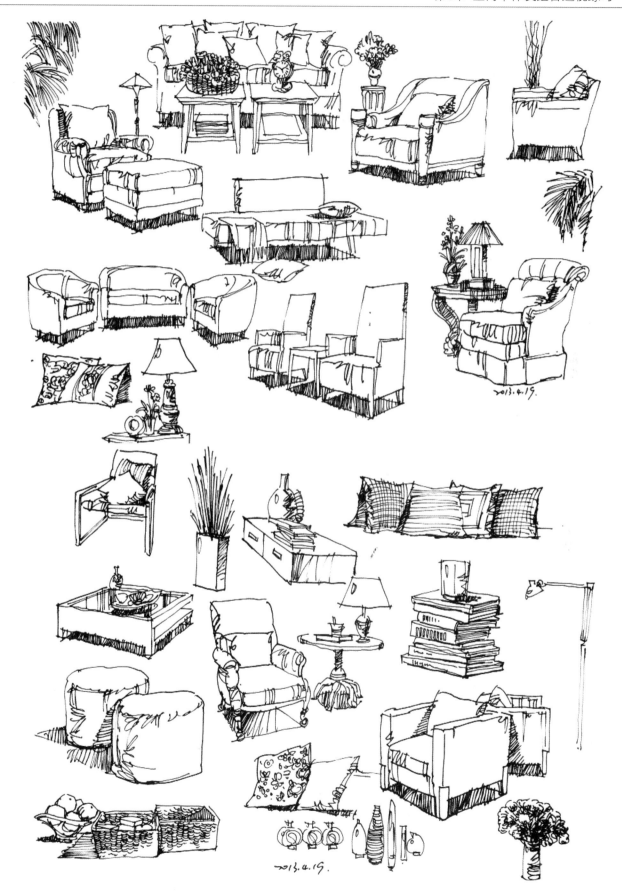

4.沙发组合的绘制练习

　　对于多人组合沙发的练习，应该严谨地把握它们之间的整体透视关系，平时多留意其变化丰富的款式，不断更新画法，适当地画出一些小配饰来完善场景的气势和感染力。

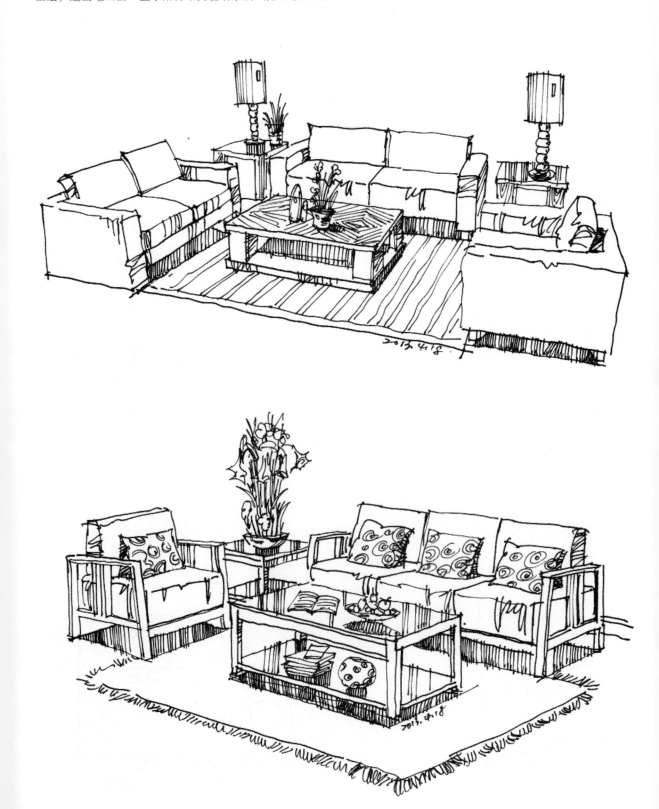

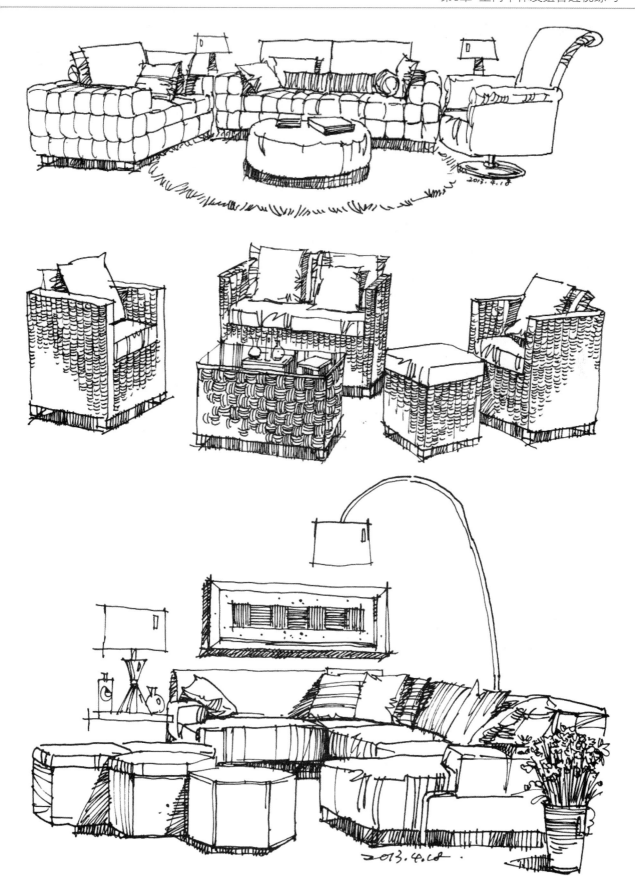

8.2 椅子的透视画法

8.2.1 椅子的绘制步骤

椅子的表现和沙发一样，要有盒子的概念。刚开始接触这些复杂的家具形体的时候，很容易被一些形体的外形和结构所干扰，导致在绘制的过程中太在意去表现细节的部位，常常会出现形体不准确，比例不恰当，甚至是死抠细节的问题。之所以出现此类问题，终究还是因为对几何透视形体理解得不够透彻。

1.椅子的透视分析

椅子的结构相对来说还是比较简单和清晰的，当我们把它剖开分析，其实就是由几个简单的立方体组合来构成的。

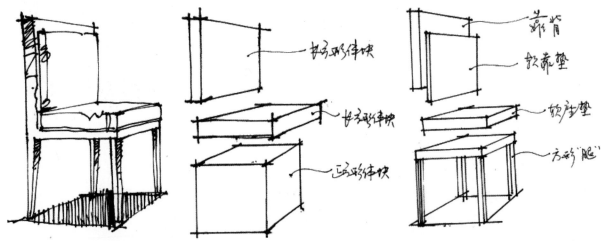

当把一个一点透视的椅子的结构进行拆开分析时，它们之间每一个立方体结构透视线都会向同一个灭点消失。

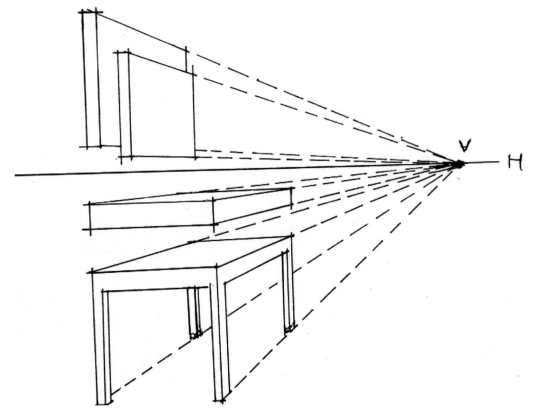

2.椅子的两点透视画法一

（1）将复杂的椅子形体在确定视角（两点透视）的情况下，归纳成一个简单的立方体盒子。

（2）在立方体盒子中画出椅子的结构和比例关系，每画一笔都要注意透视关系。

（3）细致刻画椅子的结构和坐垫，由于坐垫的材质面一般偏柔软，所以线条可以稍微柔和一点。

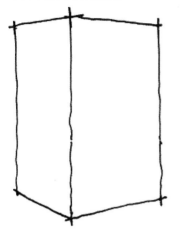  

3.椅子的两点透视画法二

当然，在我们能够准确掌握形体透视和内部结构的前提下，可以直接从椅子的外轮廓勾勒。

（1）确定椅子的透视方向，注意近大远小的透视关系，并牢记盒子概念，然后把椅子的轮廓特征勾勒出来，接着确定靠背和坐垫的高度。

（2）刻画出椅子的透视结构和坐垫转折面。

（3）利用线条的排列增加椅子的明暗关系。

（4）完善细节的刻画。

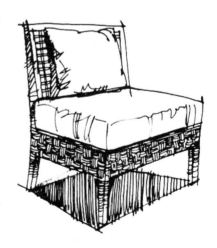

8.2.2 椅子的绘制练习

2013.4.18.

8.3 卫浴单体的透视画法

8.3.1 卫浴单体的透视分析

　　卫浴产品的表现一定要画出其质感，尤其是对受光面的高光处理，会使画面起到画龙点睛的作用。在画每个单体的同时可以加入一些简单的配饰，比如浴巾和洗漱用品，会使空间更生动。

　　下面这组卫生间台盘柜的造型简洁大方，从基本形体结构上可以简单分析出是由两个不同大小的立方体构成。所以在绘画表现中，可以从它的几个几何形体开始入手，并准确画出大的基本透视关系。

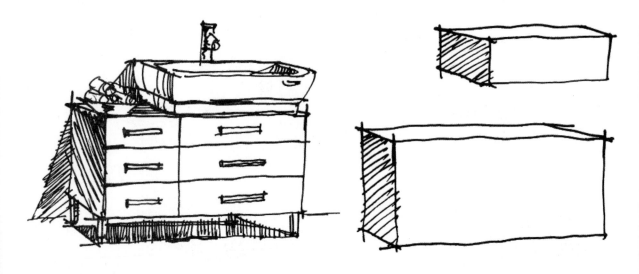

8.3.2 卫浴单体的绘制步骤

　　（1）画出椭圆形的浴缸口，用笔最好一气呵成，线条要简练，到位。随之确定长度、宽度和高度。

　　（2）画出主体之后，可画出一些配饰，配饰一定要起到衬托主体的作用，并协调画面的整体感。

　　（3）刻画出浴缸的质感和明暗，其投影更能反衬主体的表现方式。

8.3.3 卫浴单体的绘制练习

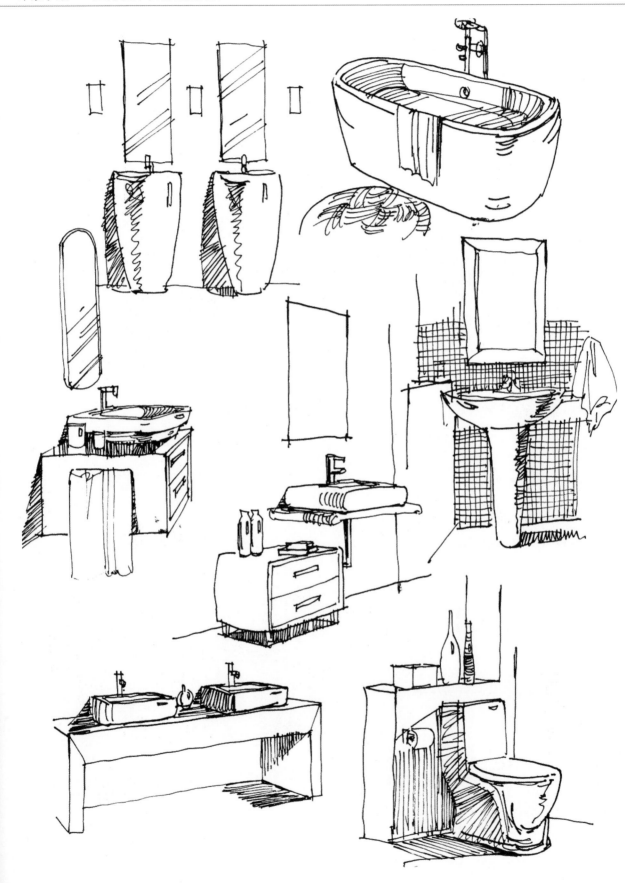

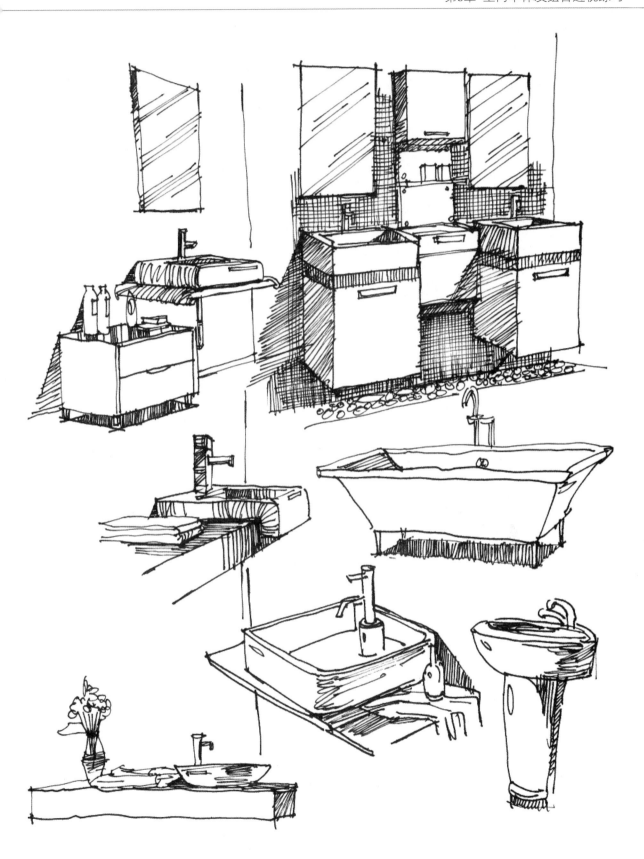

8.4 床体的透视画法

8.4.1 床体的透视分析

床体在卧室空间中是一个重要的表现主体，往往会被塑造成空间的视觉中心，也是一个不可缺少的元素。其造型各异，刚柔并济。在表现上，应该注意它在空间中所处的角度，并能从床体本身的大轮廓去考虑，画准几个基本形体的组合与透视关系。同时，要通过恰当地描绘床面上的花纹和不同造型的靠枕来提升表现力。

下面根据透视原理画出卧室床体的示意图。

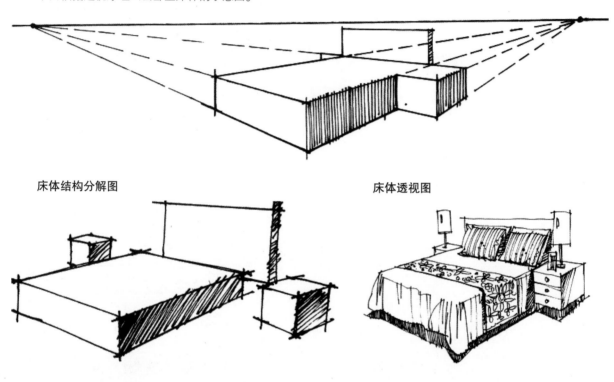

床体结构分解图   床体透视图

8.4.2 床体的绘制步骤

（1）画床体时，要有一个几何体的概念，这样就很容易去表现了，先从靠枕开始画，相继带出床的长度、宽度和高度。注意控制好整体关系，以及床单褶皱等细节的处理。

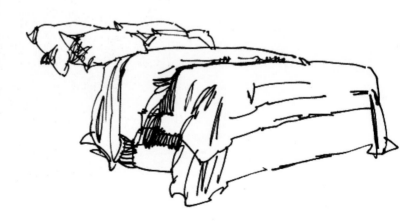

（2）确定床头靠背的造型和高度，并注意透视关系。

（3）画出床边左右两个床头柜及一些装饰品，在画左右两个柜子时一定要注意近大远小、近高远低的透视关系。

（4）完善细节，表现质感，从整体到局部不断地进行对比和深入。

8.4.3 床体的绘制练习

8.5 植物单体的透视画法

8.5.1 植物单体的透视分析

　　植物品种繁多，形态各异，表现其姿态最为重要，刻画植物时，要注意其叶片的前后层次和疏密关系，同时也要注意有一种插入花盆的感觉。

　　那么在错综复杂的枝叶形体中，也存在着它们之间的透视关系，而它们之间的透视关系主要表现在枝叶的前后位置上，可以通过前与后和被遮挡或者是枝叶本身的穿插关系表现出来。

8.5.2 植物单体的绘制步骤

　　（1）从叶子入手刻画，要注意到枝叶的形态特征和透视变化。用笔要流畅，力度适当，丰富地表现出枝叶的穿插关系。

　　（2）画出枝干的形体和鲜活的感觉，用笔上要和枝叶有所区分。

　　（3）画出花盆，用笔要硬朗，准确到位，要体现出来插入花盆的感觉。

　　（4）快速画出投影和明暗，调整细节，最后完成线稿。

8.5.3 植物单体的绘制练习

8.6 餐桌的透视画法

8.6.1 餐桌的绘制步骤

餐桌组合由于形体结构比较复杂，所以我们每画出一笔都要顾全大局，避免专于细节。

（1）画到一些组合的家具时，一定要有整体的概念，可以将餐桌椅理解成是两个几何立方体的组合，每一笔都要顾及到全局。

（2）在确定了大的基本形体时，再开始依次画出餐椅的比例和投影位置。

（3）深入刻画出餐椅的结构和透视。

（4）画出投影，并注意排线的远近和疏密关系，从整体到局部，再从局部到整体来完成线稿。

8.6.2 餐桌的绘制练习

8.7 茶几的透视画法

8.7.1 茶几的透视分析

茶几形态种类繁多，千变万化，但在表现的时候同样可归纳成简单的形体，同时要注意其茶几面的材质表现。再复杂的形体都可以将它看成简单的几何立方体，一般分析其步骤可按下图的基本步骤进行。

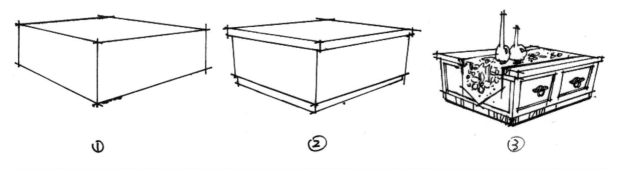

8.7.2 茶几的绘制步骤

（1）根据两点透视的规律，确定透视角度，画出茶几的几何形态。

（2）区分出茶几面和底面的关系，并注意茶几面和底面的透视要保持一致。

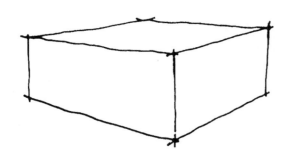

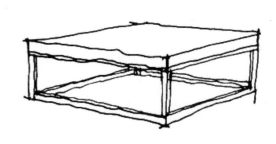

（3）在茶几面上画上艺术陈设与细节，同时加强一下茶几的结构线。

（4）通过竖线条的组织排列画出投影并体现茶几面的质感，画时要注意用线的疏密变化关系。

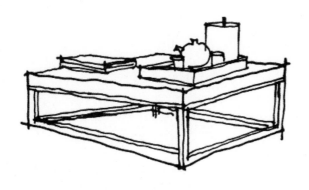

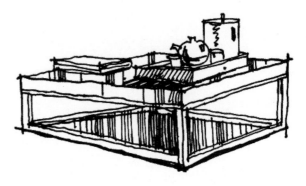

8.7.3 茶几的绘制练习

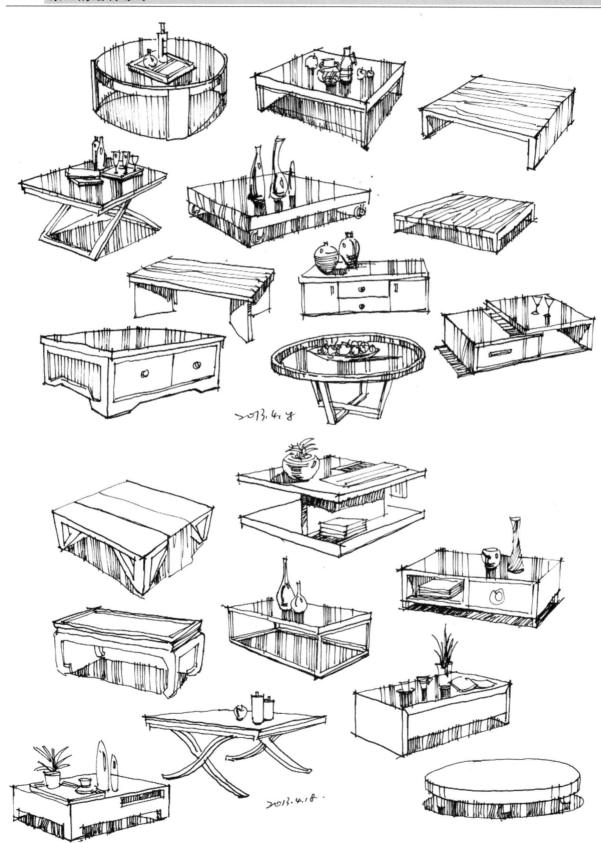

8.8 人物的画法

　　人物在室内表现中出现得比较少，主要是在一些大场景中会表现出来，所以不需要过分去强调，其最主要的意义在于平衡画面构图及场景氛围的渲染，传达画面的某种信息。在表现人物时，应注重动态和外形的表现，要注意形体与比例的协调关系，如人物在画面的中心或者是前面可适当地进行细画，远处的人物处理可以简约一些。

　　在人物表现中，关键在于把握到人物的比例和动态关系，下面我们从头部入手来表现一位男青年的动态。

8.8.1 人物的分析

　　为了能够活跃整个画面的气氛，在表现人物的时候可以适当地加入一些简单的动态，这样整体的画面会显得比较活泼生动。比如右图中的几组人物在行走的动态上给予细节的处理，手提购物袋或者是行走中的语言交流都能生动地表现出当时的情景。

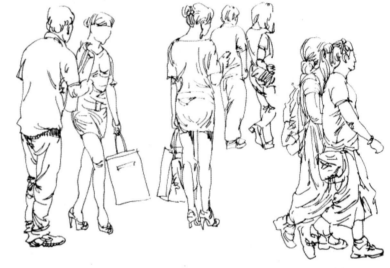

　　在勾画人物状态的时候，用笔一定要肯定有力度，要快速地抓住人物的形体特征，往往注重一些细节上的处理会更加让人心动，比如年轻女子给她配双高跟鞋会更显成熟女子的气质。

　　在表现人物状态的时候，眼神的传达非常关键，如右图中车上的3个人物眼神方向一致，那么我们可以知道在行驶过程中肯定有什么场景吸引着他们。

人物群的绘制练习也是十分重要的，处理得当更能体现画面的透视效果，绘制时可通过近大远小和遮挡的变化关系来处理画面上的虚实和深远层次。

8.8.2 人物的绘制步骤

（1）先画出头部的特征和比例，正常情况下人头部的比例是整个身高站立的1/8。

（2）接下来完成人物上身的比例和结构，并注意头、颈和胸的衔接要到位。

（3）根据头部的比例来完成下半身的比例，其衣裤的褶皱一定要体现人体的结构。

（4）深入刻画人物的每个部位，线条的虚实和松紧处理要得当。

8.9 其他单体的透视练习

8.9.1 家用电器的练习

　　家用电器的练习要注意结构和明暗的区分，因为部分家电的体积比较单薄，掌握不当会导致形体结构不明确，没有厚重感。平时要多练习不同的家电，在生活中积累素材。

8.9.2 灯具的绘制练习

　　灯具可以说是室内光影艺术的调配师，不同造型、材质、色彩和大小的灯饰能为居室营造不同的光影艺术，可以展现出不同的居室表情。所以我们在表现时可以根据不同场景和功能选择不同的灯饰。

　　下面这组是以圆形造型为主的灯饰，那么它的内部结构主要是由几个不同大小比例的圆柱体组合而成的，在表现练习中只要抓准圆柱体的基本特征和上下透视比例即可。

8.10 室内场景组合透视练习

　　在熟练掌握了单体的表现之后，应该对各种形态、各种透视角度和各种组合的家具进行练习，不管呈现在何种透视状态下都要快速地表现出来，同时也要熟悉室内空间的尺度和比例关系，并且能将之前我们所练习的单体准确地放到合适的空间里面去，看起来不会别扭，符合画面视觉的基本效果，能更好地与透视空间融合在一起。下面我们将列举一点透视和两点透视的空间组合进行练习与步骤分析。

　　室内场景组合的练习所表达的东西不多，只是空间某个场景的一个局部练习，其主要目的是对透视原理的应用与把握，是对扩大空间层次的进一步练习，以为后期更全面地把握整体空间环境表现奠定坚实的基础。所以对一些不同角度的场景进行透视图的练习转化，自然而然地就会加强对透视基本规律的掌握。

8.10.1 一点透视场景组合的绘制练习

　　一点透视空间场景的练习不需要表现很广的范围和很深的空间感，可以通过小场景的练习来巩固和提高对一点透视空间的加深认识，使空间的细节布局得到扩展和补充。在前面内容的学习中，我们学习到一点透视的基本规律和用法，下面对某一个室内小场景进行绘制步骤详解。

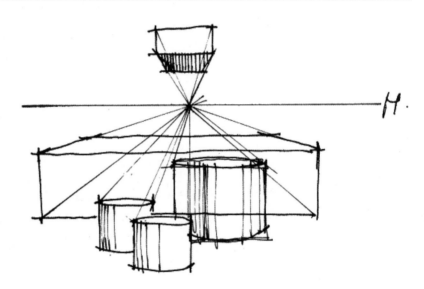

　　（1）先确定室内小场景的角度为一点透视，在人的视线以下，画出小场景中所要表现物品的基本几何形，并与灭点连接。圆柱体可以先处理成立方体，再找出相应的透视关系。

　　（2）细化出场景内的基本元素构成，并营造出室内某一角落的氛围。

　　（3）明确场景中各个形体之间的关系和明暗体积，加强一点透视感，丰富画面的层次与细节。

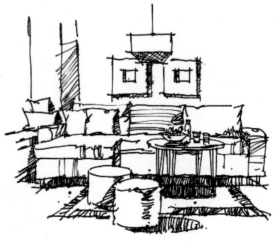

8.10.2 两点透视场景组合的绘制练习

两点透视空间场景组合的练习可以很真实地表现出场景的氛围，通过细节的描述会使画面层次更加丰富，更好地烘托出室内的气氛。经过透视角度的不断变化和转化，才能更了解三维空间，从而能快速地控制画面，把握两点透视的规律和原则。

（1）先确定室内小场景的角度为两点透视，在人的视线以下，画出小场景中所要表现物品的基本几何形，然后与两个灭点连接，使场景中的物体能够准确到位地在两点透视中生成。

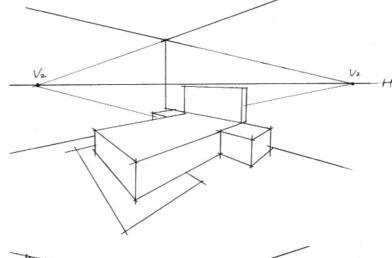

（2）细化场景内的基本构成元素，并营造出室内某一角落的氛围，然后加强场景中织物和饰品的表现，把该空间的特性生动地表现出来。

（3）明确场景中各个形体之间的关系和明暗体积，然后丰富画面的层次，营造出室内场景的艺术氛围。

8.10.3 客厅一角的绘制练习

客厅场景的表现更应该突显主题与风格，在透视准确的基础上，应该去追求功能与形式的最大化，尽量做到画面丰富生动，构图平衡，把握好整体与局部、局部与局部之间的关系。

2013.14.18

8.10.4 卧室一角的绘制练习

对于卧室场景的表现，不需要把卧室功能范围之内的场景全部表现出来，应该着力去表现出彩的地方，注重营造某一个区域的风格和特点。

8.10.5 书房一角的绘制练习

书房场景的表现更应该突出书房家居陈设和空间的自由度。

8.10.6 厨房一角的绘制练习

在厨房的表现上，内部基本格局和各类功能的布置始终是我们练习发挥的余地。

8.10.7 卫生间一角的绘制练习

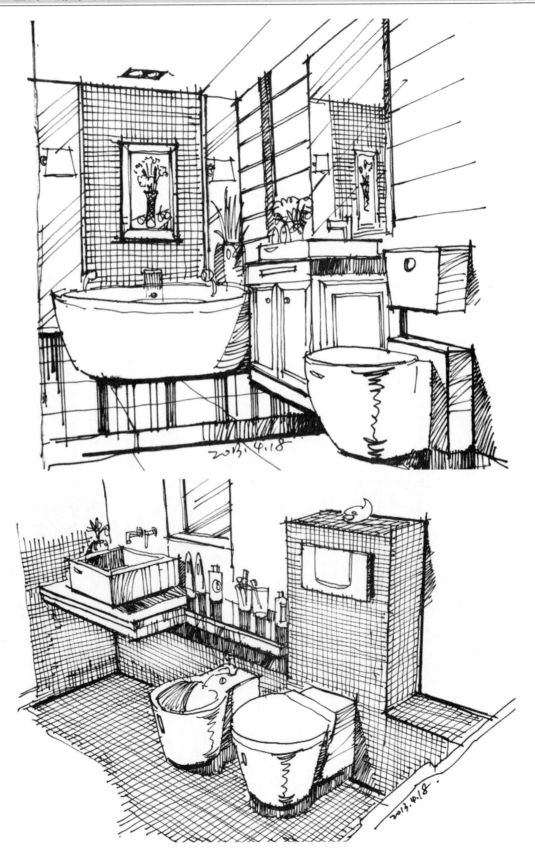

8.10.8 餐厅一角的绘制练习

 餐桌的刻画始终是餐厅表现的重点，一定要和整体空间的格局是一致的，在表现时最好能够稍带出一些厨房某一局部的加入，这样更能使得整个空间产生一种延续性。

8.10.9 阳台一角的绘制练习

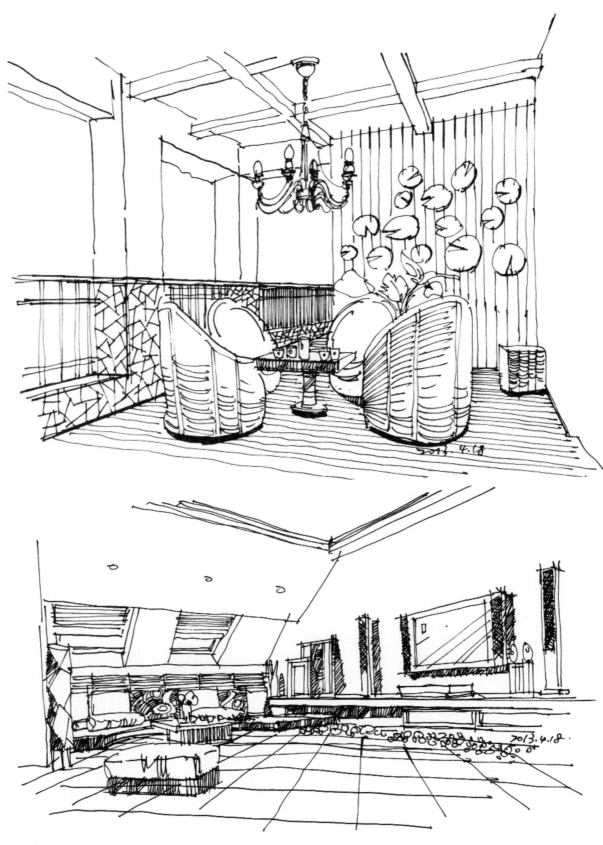

8.10.10 儿童房一角的绘制练习

儿童房的表现应该根据对象的年龄和性别决定，所以在绘制时，空间的场景和配饰可以相对活泼一点，凌乱一点，更能彰显小孩子爱玩的天性。

8.10.11 阁楼一角的绘制练习

09 室内设计透视的应用

9.1 一点透视的基本画法

通过对前面知识的学习，相信大家对一点透视的基本概念和规律已经有了初步的了解，在掌握这些内容的基础上，不仅要学会如何画出一点透视，更要掌握画一点透视的方法，怎么将一点透视的画法运用到室内设计表现图中，是本节学习的重点。下面介绍几种在室内设计表现中的方法和步骤。

9.1.1 视线法

1.视线法的概念

视线法是作透视图最基本的应用方法之一，也被称为"直接法"。它是根据物体在画面上的点、线、面的位置和高度等条件，过视点S与平面图物体上的各个点连接视线，求出视线与画面的迹点并引垂线投射到画面前视图的基线上，这些垂线与相应迹点的消失线相交于各个点，连接交点并利用真高线求高度，即得出物体的透视。

2.视线法的画法一

下面利用视点和主心点作立方体的一点透视：已知两个立方体的平面图，画面线P，视平线H，视点S，利用视点和主心点作立方体的一点透视图。

（1）作立方体底面的透视。如右图所示，将两个立方体底面宽度分别投射在基线上，得到各个直角水平变线的迹点A1、B1、ME、MF，然后从各迹点引线连接主心点CV，画出各直角水平变线的全长透视。接着求深度的透视，从两个立方体平面图中的顶点D、K、F引直线连接视点S，这些直线与线P相交于DG、KG、FG各点，再从DG、KG、FG各个点引垂线与相应的直角水平变线的全长透视相交，得出立方体底面的三个顶点D1、K1、F1。最后从D1点作水平线交于B1CV线上的C1点，从K1，F1两点分别作水平线交于MECV线上的L1，E1两点，完成立方体底面的透视。

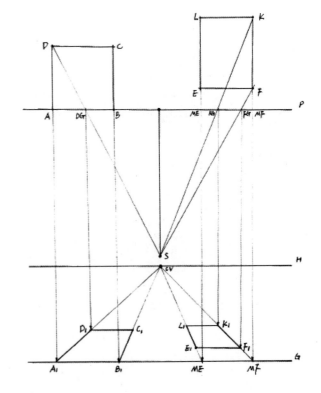

（2）作透视高度并完成立方体的一点透视图。如右图所示，从A1、B1、C1、D1和E1、F1、K1、L1各个点引垂线，根据前面所学到的"真高线"原理，在画面的A1、MF两点的垂直线上截取a1A1和mfMF等于立方体的边长，这个就是真高线。过a1点和MF点与主点CV连接，分别与d1D1、f1F1、k1K1相交得d1、f1、K1各点。然后从a1、d1、f1、k1各个点引水平线，分别与B1、c1、E1、L1各个点的垂线相交得b1、c1、e1、i1各点，连接各点即可作出两个立方体的一点透视图。

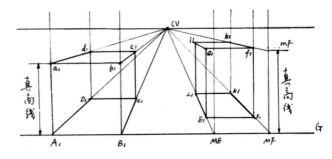

3.视线法的画法二

通过视线法来画一个已知的室内平面框架，然后求出一张室内空间透视框架图。

（1）将平面框架图按所要的范围画出来，然后定画面线P，在P线下方留足够的空间确定基线G。

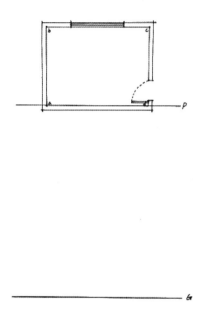

（2）以立面图空间高度与平面图相对应完成A、B、C、D外框架，以AB或者DC为真高线，在1.5倍左右高度的位置定视平线H。

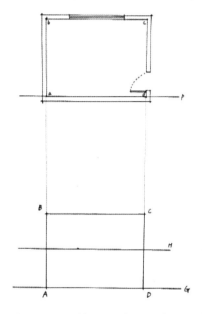

（3）在P线下方的空白里选定合适的视点S，并连接平面图中的各个内角转折点，连接交于线P。

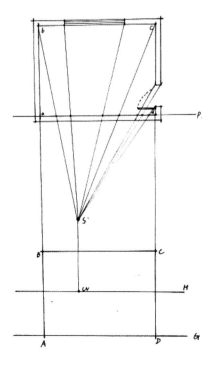

（4）将S点向下延伸，交H线于CV点，CV点就是透视图的消失点，然后连接A、B、C、D外框的4个角，接着过线P上的各个连接的交点分别向下作垂线找出各点在透视图中的空间位置，利用真高线尺寸就可求得透视图内各点的空间高度。

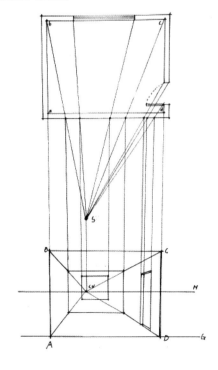

9.1.2 距点法

1.距点法的概念

所谓距点的测量法就是利用45°直角三角形的原理，在一点透视图上来测量垂直于画面线段长度的画法。

2.距点法的画法

（1）确定画幅、视平线和主点，距点到主点的距离等于主点到画幅最远端角的2倍，然后在画幅中确定正方体的底AB，并使AB与画幅平行，从AB分别向主点消失，自B点向X消失，与ACV相交于C，接着在C点引水平线与BCV相交于D，由此，正方体底面的四条边（A、B、C、D）完成。

（2）自A、B、C、D分别向上引垂直线，在经过A、B两点的垂线上截取等长于AB的线段，即A1B1，然后从A1、B1向CV消失点引线，交得C1、D1，接着分别连接A1、B1、C1、D1，正方体就完成了。

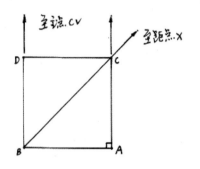
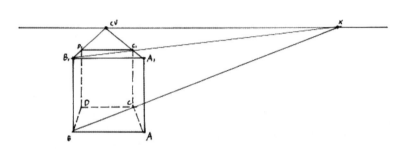

3.距点的位置

将正方体茶几平面的对角线引向距点即可画成一点透视图，很显然正方体的茶几图形严重失真，究其原因是距点位置过近所致，导致了图中的正方体茶几看似长方形。

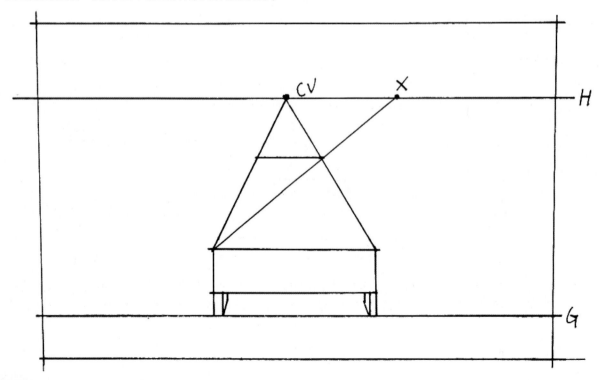

一般在作图时，取景框里面的视平线、主心点都是根据画面表现的需要任意去设定的，通常以心点为圆心，以心点到画框最远角X为半径做弧，交得视平线上的X1点，以心点到画框最远角X的长度，量取各种视角视距的距点位置。下面我们还是以正方体的茶几为例，画出不同距点位置所产生的一点透视深度的变化感。

图为视角90°，心距等于1心X。

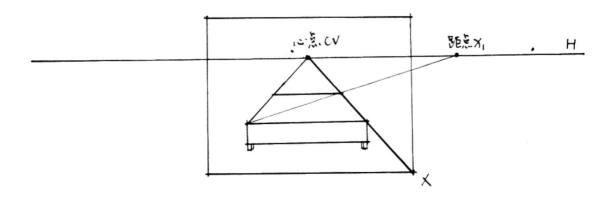

图为视角67°，心距等于1.5心X。

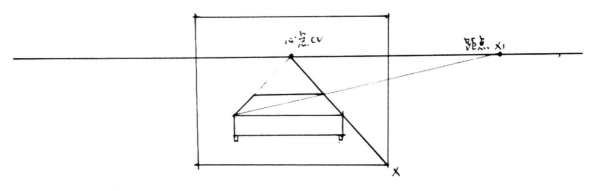

图为视角53°，心距等于2心X。

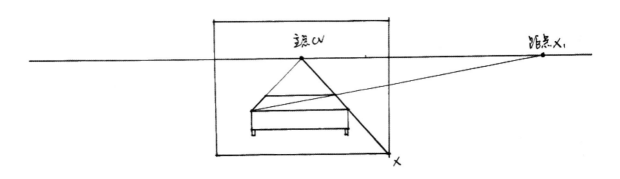

在作室内设计绘制构图时，根据其不同主题需要采用近视距、中视距和远视距的构图。在特殊情况下表现室内图时可以采用近视距，距点可近于视圈半径的1.5倍，但是距点的位置不得进入画框以内，否则就会出现上面所讲的失真情况。

9.1.3 透视矩形的辅助画法

在一点透视、两点透视及其他透视中，画出物体大体轮廓的透视后，要在透视矩形内找出中点的位置，有时要按一定的比例分成若干份，或者按原透视深度作等长或不等长的延伸。例如要在室内的一堵墙上面画出门窗的位置，就可以采取一些辅助的方法，或者是对某一空间深度的绘制，都可用下述简便方法去获得。

1.通过对角线求中心点

如下图，如何找出桌面的中心点呢？可以通过桌面进行对角线相交得出O点，O点即为桌面的透视中心点。

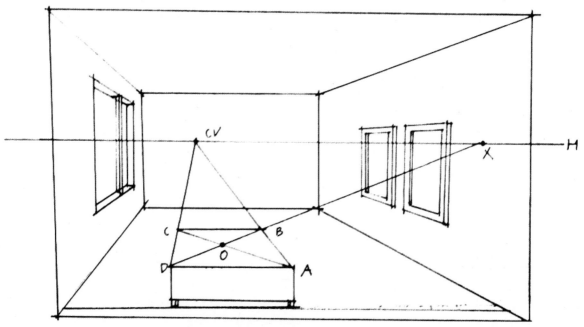

如下图，如何作窗子的正中开合缝？先将窗子的对角线进行连接相交于O点，自O点作垂线，即为窗子的透视中心线。因为窗框在外墙上，分别作透视中心线与上下边线相交于1点和2点，水平引线与窗框顶线相交于3点和4点，连接上下相交点3和4即得出窗子的开合缝。

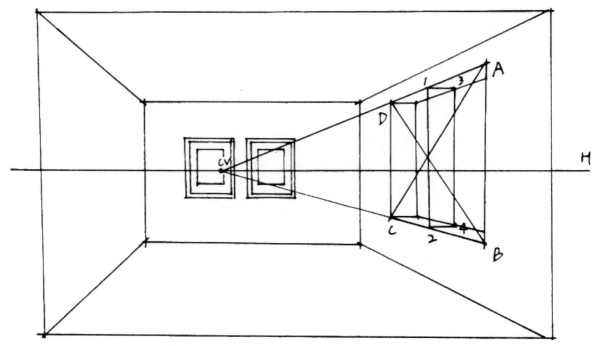

2.通过对角线求立方体的中心

画法一：如图所示，连接透视形体各个顶点的对角线，相交得出中心点O，过中心点作垂线，即为该透视形体的垂直中心线。

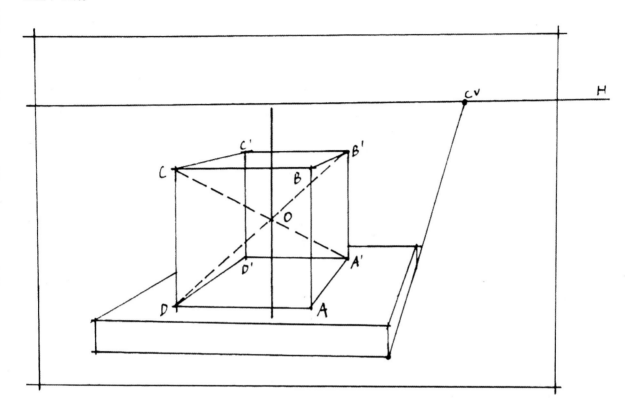

画法二：分别连接透视形体各个顶面和底面的对角线，分别相交于O1点和O2点，连接O1、O2点即为该透视形体的垂直中心线。

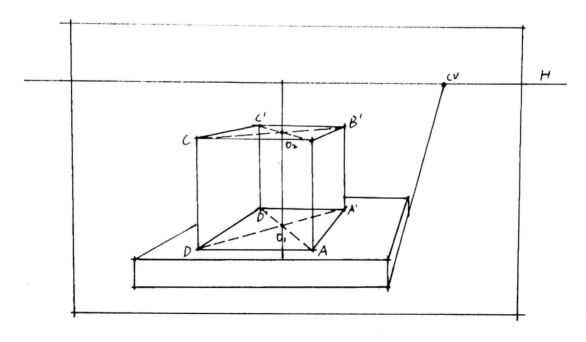

3.对角线等分已知透视矩形

对透视矩形连续用对角线求中法可以作出2、4、6、8……等分。

（1）在矩形中，作对角线相交得出中点O。

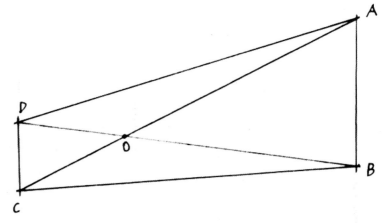

（2）过中点O引垂线完成2等分。

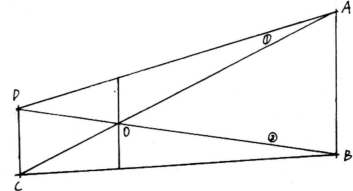

（3）过中点O引横向中线向矩形的余点。

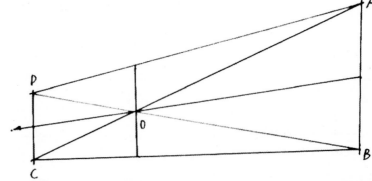

（4）再引对角线相交中线可完成四等分。用同样的方法可以连续等分下去。

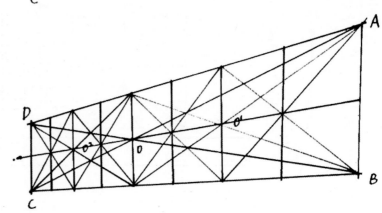

4.对角线分割透视矩形

作等距分割

（1）将透视矩形的AB线作5等分，自各等分点引线向AC、BD的灭点，则为5排等宽的横格。

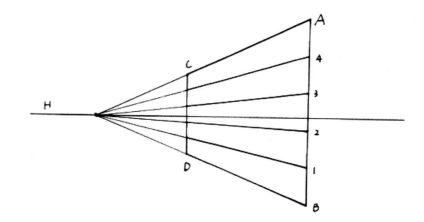

（2）要将矩形纵分为4列，可自D点向4点引线，相交于各横线的各个点，由各个点再作垂线即可。

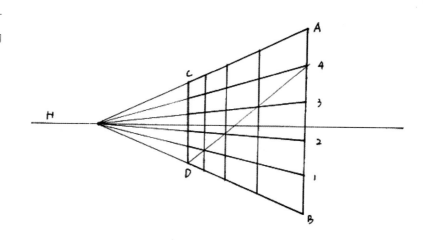

（3）要将矩形分成3列，可自线上3点向D点引线，过相交点作垂线即可。

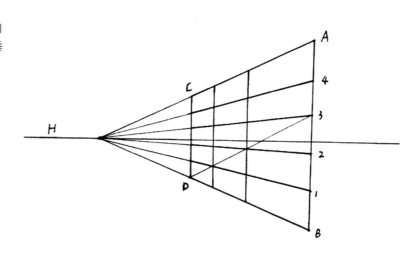

作不等距分割

将已知透视矩形，竖向分割为6个宽度相等的矩形和一个不等的矩形。

（1）以任意长度为单位，在AB垂直线上，自A点向下截取6条同比例和一条不同比例的线段，得出点1、2、3、4……，然后自各分点向AD、BC的灭点引线。

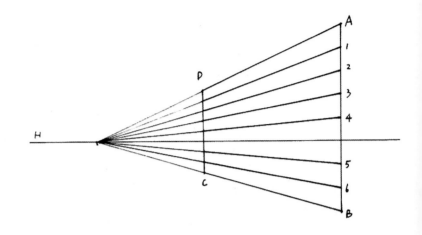

（2）连接对角线AC，线相交于各横线得出①、②、③、④……各个点，然后过①、②、③、④……各个点，即按所需要的比例分割7个小矩形。

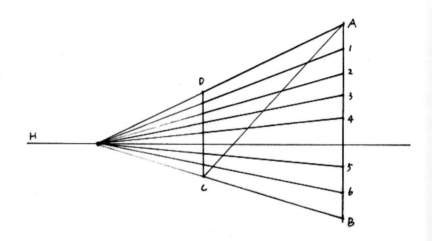

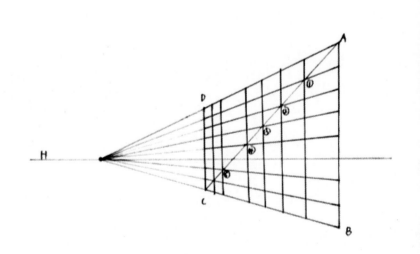

5.用对角线灭点作矩形的连续延伸

如下图所示，以矩形A、B、C、E的大小样式为准，做地砖铺设的一点透视地面。

（1）延长水平线AB，并以已知地砖宽度作连续分割。

（2）自各分割点向CV点（AE、BC的灭点）引线。

（3）自B点延长方格的对角线BE，与向CV的变线相交得多个交点，过各交点作水平线即完成地面方格的连续延伸。

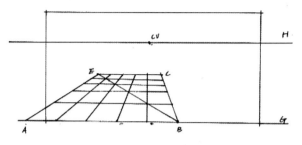 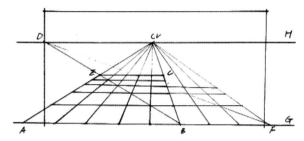

6.用辅助灭点作等矩形的连续延伸

（1）将已知一点透视的直立矩形A、B、C、D的上下水平边延长，交视平线得灭点F。

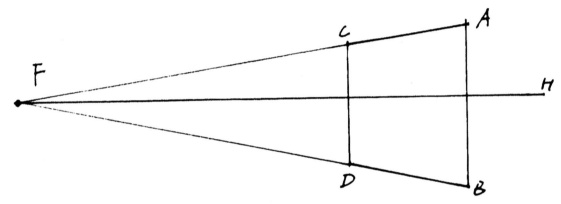

（2）作对角线BC并延长，与灭点F的垂直灭线相交，得已知矩形对角线的灭点X。

（3）连接XD与AF线相交于E点，然后作垂线，即画成相等的连续矩形C、D、E、G，依次类推，可作等距形连续延伸。

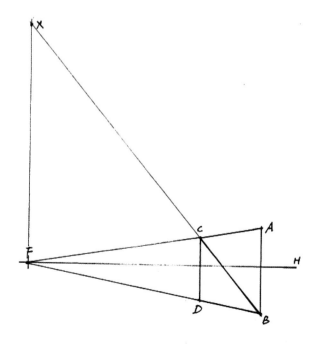 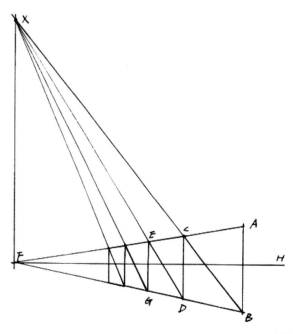

9.1.4 一点透视在室内设计中的应用

1.用距点法作写字台的一点透视

（1）画出写字台的侧立面A、正立面B、基线G、视平线H、心点和距点X，然后分别从写字台侧立面和正立面的A、B点作消失线至CV点上。接着量取写字台正立面AB的长度，在写字台侧面向BA作水平延长线交于L点上，同时量取写字台侧立面AB的长度，作写字台正立面的宽度在AB线上交于W点。

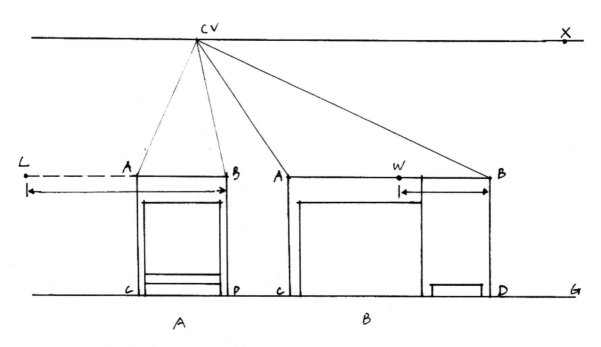

（2）采用距点作图的方法从写字台侧立面所作延长线上的L点向距点引直线，它与写字台侧立面的桌面右方灭线的交点B1就是这个写字台的深度。然后从写字台正立面的AB线上的W点向距点引直线，它与写字台正立面的桌面右方灭线的交点B1就是这个写字台的透视宽度。

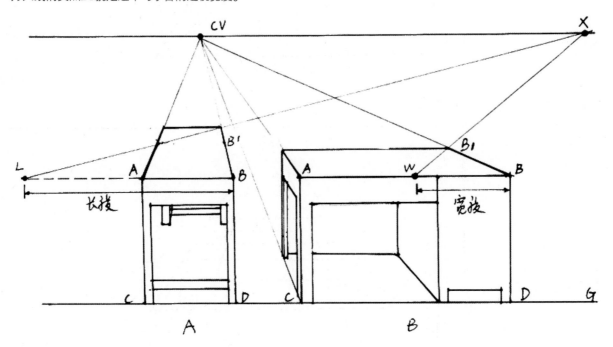

2.用距点法画室内一点透视地面铺设图

室内地面铺设对于家庭来说一般采用600×600mm或者是800×800mm的地面砖铺设，而一些大空间则使用1000×1000mm或者是1200×1200mm。因此，在画室内透视的时候可以采用距点法来绘制。由于地砖的铺设成方格状，而且每一块方格大小尺寸基本相同，所以也可称为网格法，目的是为了快速、准确地布置室内的家具位置，增强室内空间感。

（1）先定出画幅、视平线、距点X和主点CV，然后在视平线下方作一条横线，在这条横直线上根据需要将其分成若干等份，得到等分点1、2、3、4，接着从每一个点向心点作灭线。

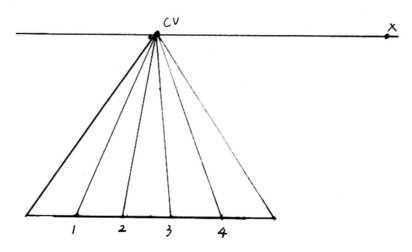

（2）从横线的最左端点向右方的距点上引一条直线，分别与各灭线相交于a、b、c、d点。

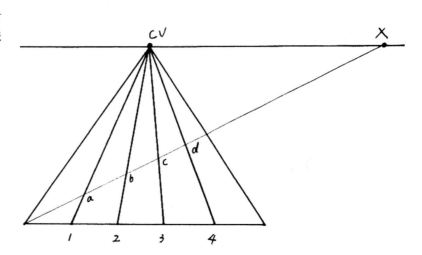

（3）在每一个相交点的位置上作一条水平横线，即画出地面方格砖的透视图。

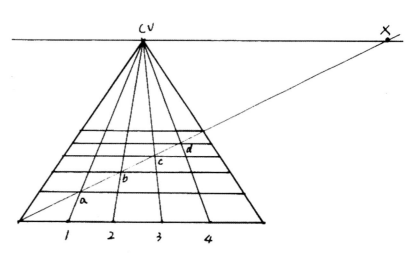

3.用距点法作室内空间的一点透视图一

（1）先定出画幅、视平线、距点X₁和主点CV。

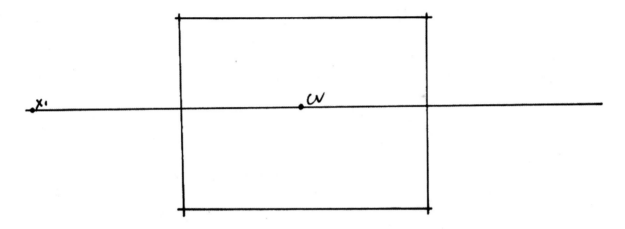

（2）定出画幅宽度AB，室内宽度aC，在基线上确定室内深度aD（水平测量），通过距点X1，画出室内的深度。

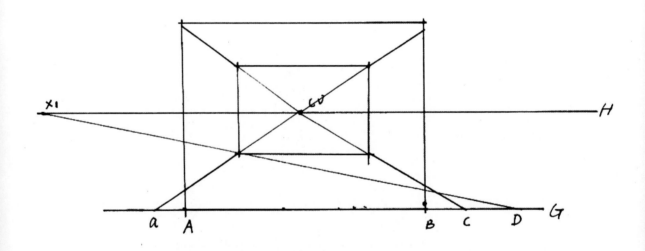

（3）在基线上确定窗户与画幅距离及其深度，通过距点X1，找到其深度轨迹，然后利用真高线画出窗户的透视。

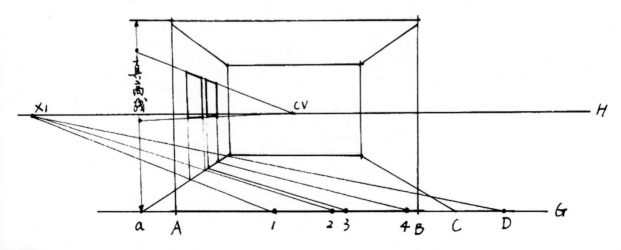

（4）利用基线（水平测量）与真高线画出长方体。

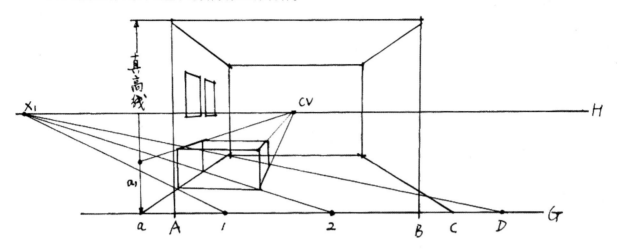

（5）利用基线（水平测量）与真高线画出门框。注意，真高线上的门框高度，到了墙角要水平移位，而门的透视灭点必须在地平线上。

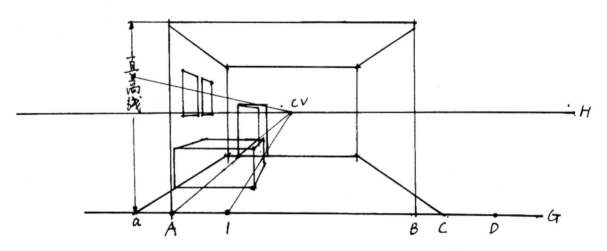

（6）确定X_2的位置，然后利用基线（水平测量）与真高线画出长方体的高。注意，由于长方体离墙有一段距离，所以真高线上的长方体高度，到了墙角要水平移位。

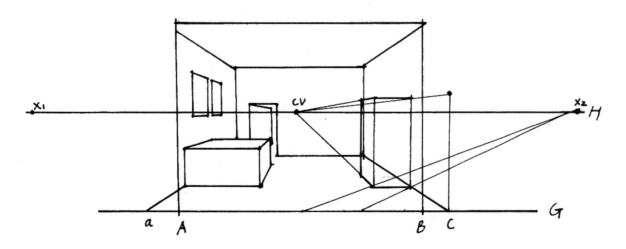

4.用距点法作室内空间一点透视图二

已知室内空间的宽度为4000mm、深度为5000mm、高度为2800mm，然后采取距点法来进行室内的透视表现。

（1）根据前面所提供的空间尺寸，定出画面A、B、C、D，然后以m为单位，按比例在画面上定出高度和宽度，并做好标记。

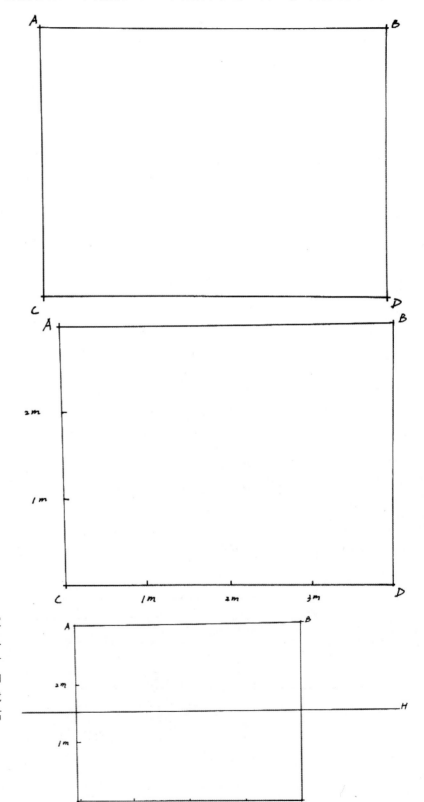

（2）接下来定视平线H。在定视平线高度的时候，可以根据正常人的平均高度来确定视平线的高度，一般在1.6m到1.7m左右，根据实际的情况也可以做适当的调整。在这里我们以人的眼睛高度确定为视平线的高度，那么可以把它定为1.5m左右。

（3）在视平线上确定灭点，灭点的位置也可根据实际需求进行左右调整，然后将A、B、C、D分别与主点连接，引出4条线段a、b、c、d。

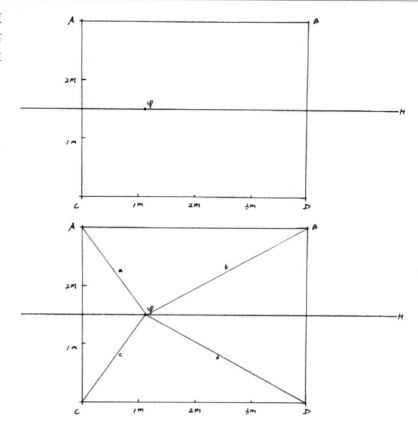

（4）在画面A、B、C、D以外的视平线上确定距点X的位置，注意距点的位置。在平面图上显示空间的进深是5m，那么将距点分别和画面的这些标记尺寸进行连接，所连接的线段通过c线时交得1、2、3、4、5个交点。

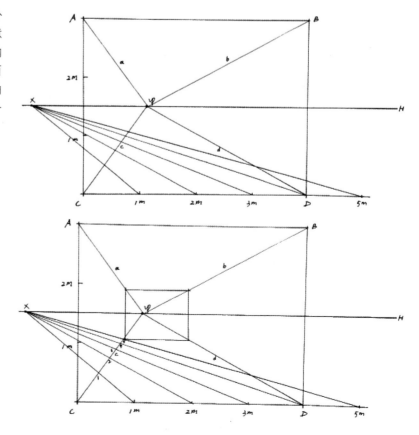

（5）从标注为5的点开始作垂直线和水平线分别交于a线和d线，然后由交点继续引水平线与垂直线汇集于b线，就生成了视线终点的墙面。

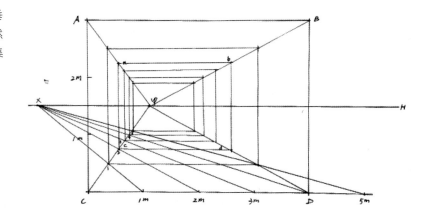

（6）以此类推，从1到4也按此方法引直线进行连接。

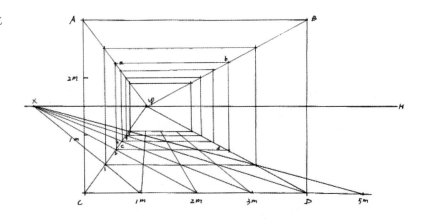

（7）由画面上的各个单元标记引直线向主点消失，这样一个完整的一点透视的框架就形成了。

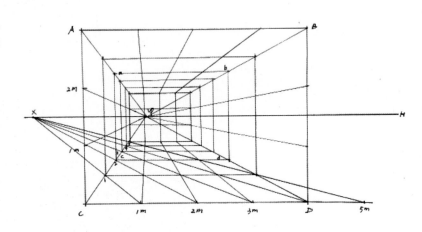

5.一点透视的练习

在一点透视表现的基本技法中,最根本的要领是要确定带有单位尺寸标记的画面,然后通过距点与单位标记的连接来求得进深的尺度。因为室内空间大小是多变的,所以在实际的绘制过程中要学会灵活运用。那么接下来我们再举个实例对一点透视的表现技法加以巩固和练习。

练习1

可根据室内空间提供的平面图和立面图用上面的方法来画一点透视的绘制。

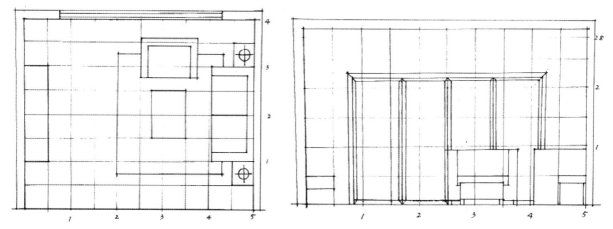

（1）按平面和立面图上所示的客厅高度2.8m、宽度4m的比例画框,然后以0.5m为单位分割基线（宽度和深度量线）和左右墙面的真高线,接着在画副高度1.5米处作视平线,最后在视平线上作主点的位置和距点的位置。

（2）作地面、左右墙面和正墙面上的透视网格。自基线和左右真高线上的各分割点向主点连接,从基线4m点向距点连接,交基线分割点与主点的连线,得出客厅的进深4m,并得到地面网格深度,然后引水平线完成地面的网格,地面网格与三墙线相交,从交点引垂线,在正面墙上引水平线,完成三墙面网格。

（3）对照家具在平面网格中的位置,在地面对应网格画出家具底面透视,然后在地面四角引垂线,由左右墙透视网格取得家具透视高度,从而完成家具透视。对于网格线之间的深度,可以利用对角线的原理来进行分割求深度。

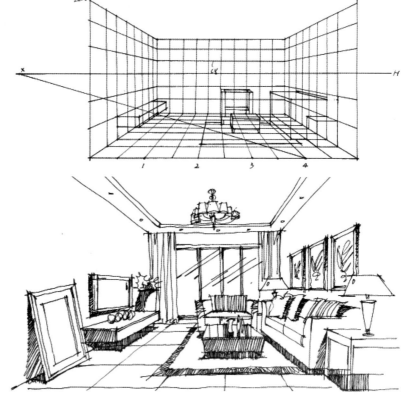

（4）对家具部分进行修饰和调整,添加一些小饰品或者是绿色植物进去,让主体空间更显生机和美感。

练习2

已知室内平面图，用视线法作室内的一点透视图。

（1）如下图所示定大空间、分割墙面和地面。

在平面图中从站点S向左墙角C做视线交P线于CG点，然后过窗户和家具的顶点引垂线交画面线P于1、2、3、4等迹点。

将P线上各个迹点垂直投射在G线上，得ao、bo及1、2、3、4、5、6、7各点，并引线向心点，然后作cG点的垂线交左墙底线ao于co点，接着过co点作水平线交右墙底线，即完成后正立面墙透视。

在ao点、bo点上做真高线，在真高线上3m、0.8m和2.4m处向主点CV引线，求出顶面和正墙面的窗户高度。

（2）画出家具和建筑构件的底面透视。在平面图中，由站点S向家具与墙面相交的各点连接交画面线P于dg、eg、fg、gg、hg、ig点，从各迹点作垂线交ao、bo墙底边的消失线于do、eo、fo、go、ho、io各点，然后过这些交点作水平线引至室内各形体的灭线上，这些线相交即得出家具等形体的底面透视。

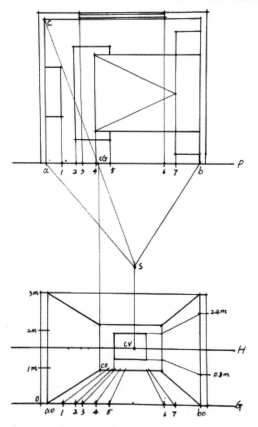

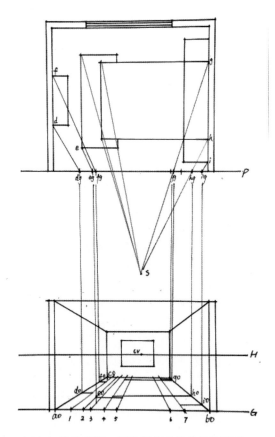

（3）利用真高线画出家具的透视高度。在ao、bo墙真高线上量出家具等形体的高度并向CV连灭线，然后过灭线上各点作水平线，与家具形体底面透视的各点的高度垂直相交，接着连接相应的各点，即完成室内一点透视图。

（4）加粗轮廓线，并进行适当的修饰和修改。

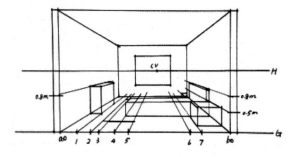

9.1.5 一点透视中常见的一些错误

右图中的正方形严重失真，主要原因是因为距点位置不够正确所导致的，图中距点到主点的位置过近了。

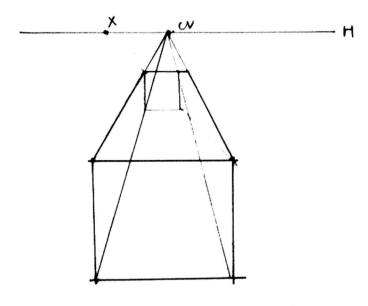

右图中透视不正确，因为图中的一点透视未向灭点消失，一点透视的画面中只有一个灭点。

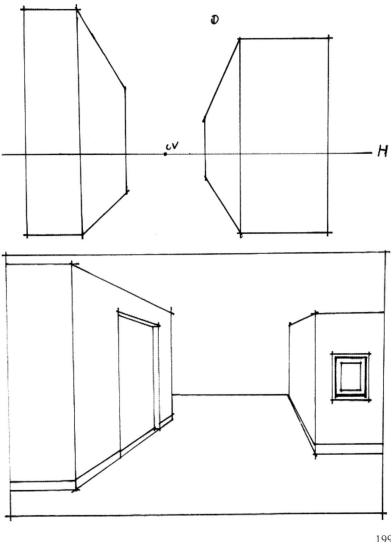

9.2 两点透视的基本画法

9.2.1 两点透视的基本画法

透视图的作图方法很多，通过人们的不断研究和思考，作图的方法也在不断地被丰富和提升。所以在同一透视图里也会形成很多种作图的方法和步骤，其中有简单的，也有相对比较复杂的，那么两点透视的作图方法相对于一点透视来说会略显复杂一些，但只要掌握了其中的作图原理以后，看似复杂的辅助线，分析起来就不难了，它只不过是帮助你去理解透视的作图方法的一个顺序过程。本节主要介绍几种我们在表现室内透视图中经常会用到的两点透视的作图方法。

1.用视线法作正方体的两点透视图

视线法的概念

视线法是根据物体在画面上的点、线、面的位置和高度等条件，过视点S与平面图物体上的各个点连接视线，求出视线与画面的迹点并引垂线投射到画面前视图的G线上，这些垂线与相应迹点的消失线相交于各个点，连接交点并应用真高线求高度，把物体的透视求出来。

视线法的作图方法

（1）画出立方体的直立面与画面成45°角，且一直边紧靠画面，然后相应画出视平线H、基线G和画面线P，并定好主点和视点的位置。

（2）从视点S作立方体底面两边的平行线，与画面线P相交于1点和2点，然后将1点和2点投射到视平线上，得立方体各水平边的消失点V1和V2。

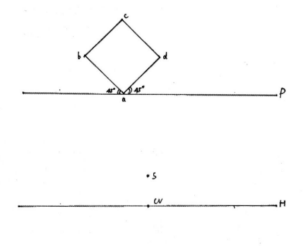

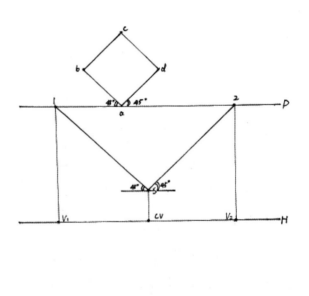

（3）过a点作垂线交基线G于a1点，并与V1和V2连接。

（4）过S点向b点和d点连接，交线P于bg和dg两点，然后从bg点和dg点作垂线，分别与a1V1相交于b1点，与a1V2相交于d1点。

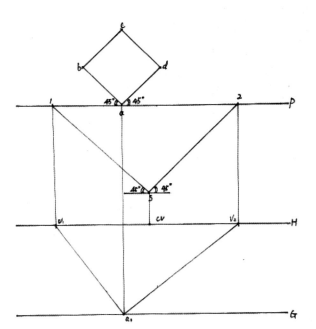

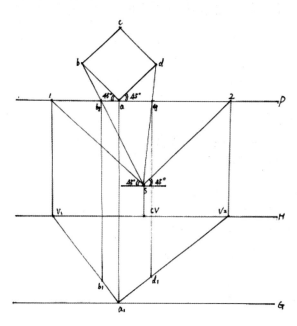

（5）连接b1点和V2点，d1点和V1点相交得c1点，即完成立方体底面的透视。

（6）利用真高线作立方体高度的透视。过a1点向上作真高线a1A，然后由A点分别向V1点和V2点连线，接着由b1、c1、d1各点向上引垂直线，即可完成立方体的两点透视。

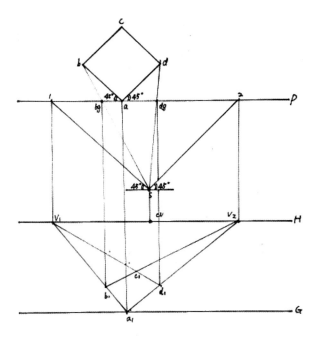

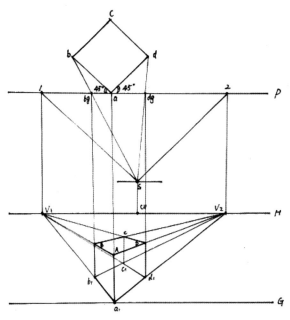

2.用视线法作长方体的两点透视图

（1）画出长方体的平面图，视平线H、基线G、画面线P，然后确定主点和视点的位置。

（2）延长长方体底面各边与画面P线相交得各边的迹点，并投射在基线G上得出d1点和a1点，然后过视点S分别作ab、ad的平行线交画面线P于点1点和2点，接着将1点和2点分别投射到视平线上得消失点V1和V2。

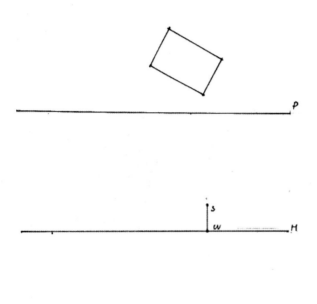

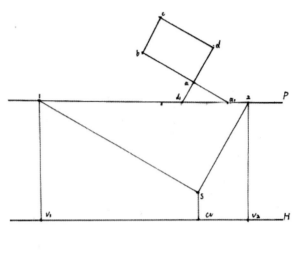

（3）将d1点和a1点投射到基线G上，并分别与V1和V2点连线，两线相交得点ao。

（4）过S点向b点和d点连线交P线于点bg和dg，然后从bg和dg向下作垂线，与a1V1和d1V2线相交于bo和do两个点。

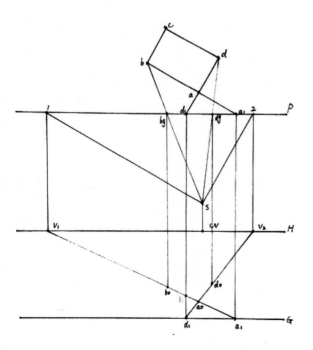

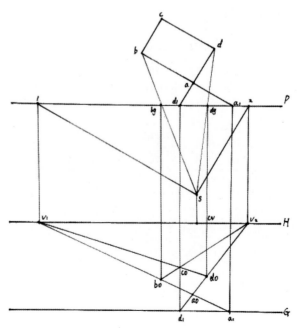

（5）连接do点和V1点，bo点和V2点，相交于co点，即完成长方体底面的透视。然后利用真高线作长方体的高度透视，过a1点向上作真高线a1A1，再由A1点向V1连线，过ao点向上引垂线与A1V1线相交于A点，过bo、co、do点向上引垂线，即完成长方体的两点透视。

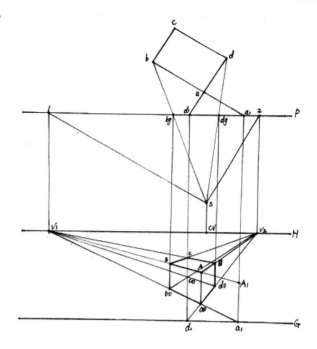

3.用测点法作立方体的两点透视

测点法的概念

所谓两点透视测点法就是以余点到视点的距离为半径作弧，与视平线相交得M点（测点）来定物体的透视深度的一种作图法。

测点法的作图方法

（1）根据画面，已知两个余点V1和V2，然后分别以V1和V2为圆心，以V1S和V2S为半径与视平线相交得两个测点M1和M2，接着确定主点CV、视点S和立方体的一条垂直线段AB。

（2）经过B点，画一条与AB线段相垂直的水平线D1，C1，并且D1B等于AB等于BC1，从B点分别向余点V1，V2消失，自D1，C1分别向测点M2，M1相连，与BV1，BV2相交于C和D，使得DB等于BC。

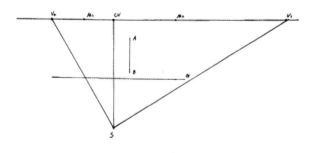

（3）自D和C分别向余点V1和V2消失，相交得E，然后分别从D、C、E向上引垂线，与AV1、AV2相交得G和F，再分别向余点V1和V2消失，交得H点，两点透视的立方体图就完成了。

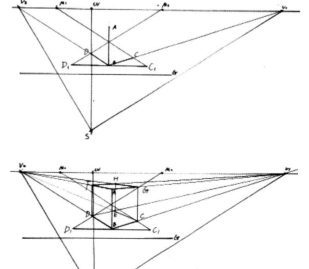

9.2.2 两点透视在室内设计中的应用

1.用视线法作室内的两点透视

（1）定大空间，分割墙面和地面，然后根据室内平面图和视点的位置，利用迹点、余点和真高线画出室内两侧墙面及窗户的透视。

（2）画出室内布局及家具形体基面的两点透视。

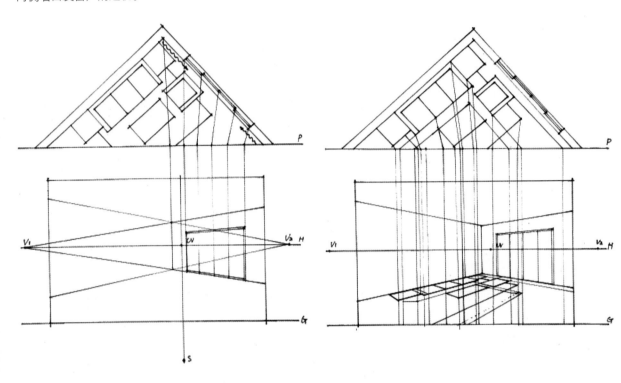

（3）利用真高线画出家具高度的透视。

（4）对已画出来的透视形体进行修饰和丰富，然后画出家具的细节部分，接着增添一些小装饰品营造室内的氛围，并完成室内空间的两点透视效果图。

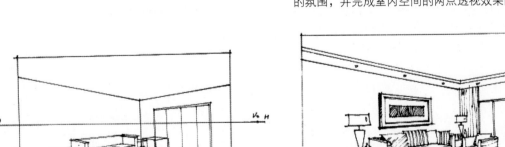

2.用测点法作写字台的两点透视

已知写字台的平面图、立面图和侧面图，用测点法作写字台的两点透视图。

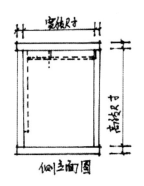

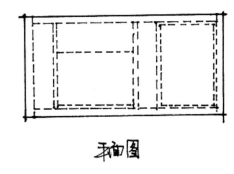

（1）定出基线G、真高线ab（写字台的高度尺寸）、视点S和视平线H，然后根据两点透视的作图原理，分别以V1 S和V2 S为半径画弧，在视平线上交得M1和M2。

（2）由真高线上的a点和b点分别向V1和V2连线，然后由a点向左量出宽度尺寸，向右量出长度尺寸，接着由M1和M2向长度尺寸和宽度尺寸进行连线，在透视线上交得c点和d点，最后在c点和d点分别作垂直线和引透视线，即作出写字台的立方体轮廓。

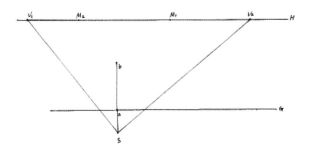

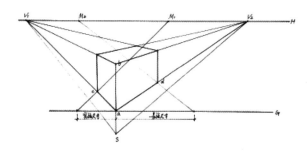

（3）从M1和M2向长度尺寸和宽度尺寸上的各个点进行连接，在ac和ad透视线上交得各个点，然后分别作透视线和垂线，即作出写字台的透视平面和抽屉宽度尺寸的透视，接着在a、b真高线上画出写字台抽屉及支架的尺寸，最后向V1和V2分别连线，即作出写字台抽屉及支架的透视。

（4）细化写字台的局部和细节，然后擦去辅助线，即完成了写字台的两点透视图。

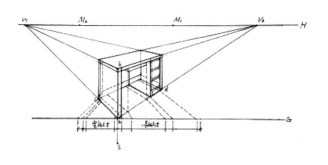

3.用测点法作室内空间的网格透视

已知一个房间的尺寸是：长度5000mm、宽度4000mm和高度3000mm，以此为例用测点法来求出室内空间的网格透视线。

（1）按比例画出高度为3000mm的墙角线AB（真高线），然后在AB上以1600mm的高度定视平线H，并任意确定两点透视的两个消失点V1和V2，接着画出上下墙线。

（2）以V1V2的长度为直径画半圆，交AB的延长线于视点S，然后分别以V1和V2为圆心，以各点到视点S的位置为半径画弧，分别交视平线H于M1和M2。

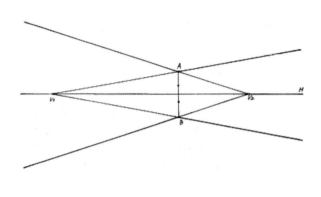

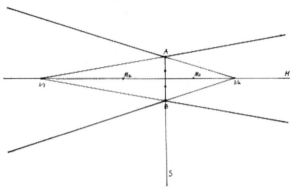

（3）通过B点作平行线（基线G），在基线上按比例量出房间的尺度网格，分别置于AB的两侧，从M1和M2引线，各自交于AB两侧的尺度点，并延长到左右两侧的墙线，得出的交点就是透视图的尺度网格点。

（4）通过这些点分别向左右两侧的消失点引线，即求得了该房间的透视网格，然后在AB上量取真实高度，便可作出室内的两点透视图。

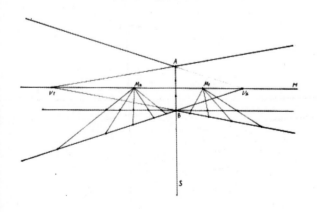

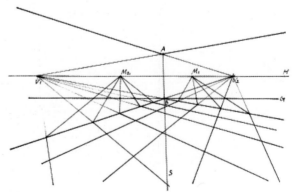

4.用测点法作床体的两点透视

采用上面的方法和步骤，练习一下室内空间的两点透视作图法。注意，因为没有已知条件设定，本作图步骤里面的尺寸完全由自己自由设定。

（1）确定画幅A、B、C、D，然后确定视平线H，一般视平线的高度在中间位置，可适当上下调动一点，接着选择消失点V1和V2。

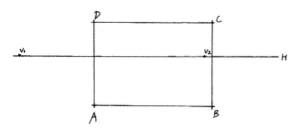

（2）在画幅里作一条线段ab，通常ab的长度应该小于画面高度的1/3，若ab靠近左边，则画面的表现重点就在右侧，反之则在左侧墙面。

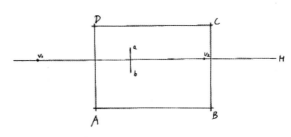

（3）连接V1a和V1b交BC于G点和H点，然后连接V2a和V2b交AD于F点和E点。

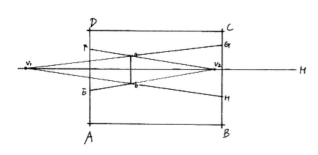

（4）假定室内空间高度为3000mm，我们可将ab进行3等分，通过b点作平行线（基线G），在基线上按等分量出室内空间的尺度网格，然后分别置于ab的两侧，接着通过测点求深度法求出室内地面的网格深度。

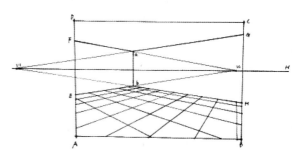

（5）在地面上布置家具，将家具的各角升起，然后从真高线ab上找到相应的高度点，分别与消失点相连接并延长，就可得到家具的真实高度了。

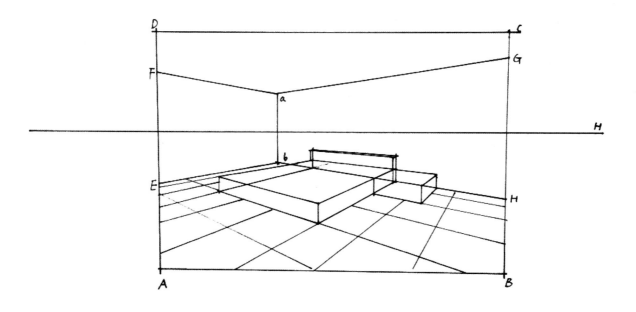

5.室内两点透视的快速作图法

通过对前面几种作图方法的学习，我们已经对两点透视的作图方法有所了解，其实对于手绘表现透视图来说，作画步骤不可能画得很详细和精确，只要掌握其中的基本步骤就可以了。学习透视作图的目的就是要快速地表现室内空间的透视关系。下面将介绍一种两点透视的快速作图法，以便提供给大家参考。

（1）绘制一条水平线，确定为视平线H，然后在视平线上作一条垂直线AB，并在AB线的两侧，也就是在视平线上一远一近处定两个消失点，即余点V1和V2，接着从V1向A点和B点分别引线并延伸，同样由V2向A点和B点分别引线并延伸，这样就作出了地面线和天棚线。

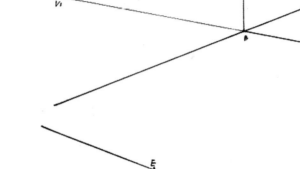

（2）由天棚线向地面作两条垂线DC和EF，确定DC线和EF线位置的原则为A、B、C、D和A、B、F、E在视觉上看起来像两个相等的正方形。

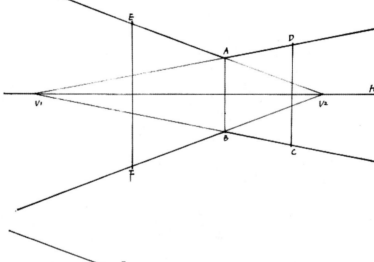

（3）将AB进行4等分，然后通过这些等分点向V1和V2进行连线，与A、B、C、D的对角线交于1点、2点和3点，接着过这些点做垂线与BC相交，再从V2点向这些交点引线并延伸，同理，可以求出BF线上的交点，这样就得出室内空间的两点透视网格图了。

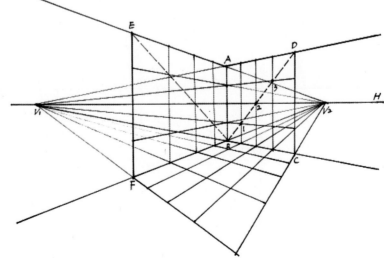

10 室内空间综合表现

10.1 室内空间一点透视表现

　　一点透视，其最大的特点就是表现的范围广，内容多，说明性强，是我们在表现类型上最常用的，同时也比较好把握，因此一点透视空间的绘制是我们学习的重点。

　　下面我们列举一些室内空间的案例进行绘制步骤的讲解，供大家临摹和参考练习。

10.1.1 简欧客厅表现

　　（1）用铅笔进行前期打稿，绘制出客厅空间的宽度和高度，然后确定灭点和视平线，并框选各个交点与灭点连接画出室内空间的各个界面，接着按照一点透视距点求深度法画出每块地面砖的深度，以便后面摆放家具可找到依据。

消失点的定位对整体构图起着至关重要的作用。

距点位置的准确与否直接影响整体的透视深度。

视平线定在整个空间高度的1/3偏下一点，这样表现出来的空间效果看起来会比较大气一些。

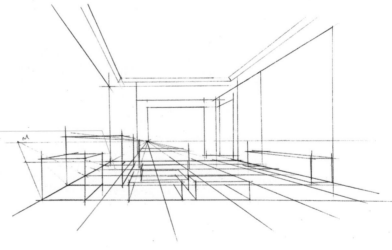

　　（2）根据家具的尺寸和摆设的位置逐个画出它们的高度，要注意家具之间的高低位置和比例关系，并处理好前后物体的遮挡关系，以免造成画面单薄与呆板。

把所有的家具形体简单归纳为透视立方体。

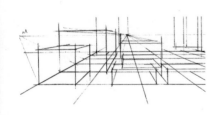

（3）根据简欧风格的特点，细画家具的特征和立面设计造型，并逐步给空间添加软装陈设来完善空间效果。

相互遮挡的物体要进行划分清楚，使之产生前后透视感。

在起稿过程中尽量保留画面消失点的位置。

相互穿插的叶片要区分清楚。

艺术挂画可以先考虑把它看成一个整体块面，以便确定在背景墙面上的位置和大小比例关系。

（4）用钢笔或者是签字笔把空间的结构线和家具的外轮廓勾出来，并找出每个物体的阴影关系。

初学时定稿的练习可以借用尺子来画一些形体的轮廓线和墙体的结构线，使画面保持一定的严谨性。

遇到有些柔性材质或者是曲线造型时，可用徒手绘制，以免画出来的轮廓比较坚硬、不生动，比如涉及沙发的转折面、曲线雕花和植物等。

在绘制个性不一的软装饰品时，要注意尊重其形体特征，并勾勒准确。

（5）进一步细化每个物体，并分析出每个物体之间的阴影关系进行深入刻画，在细化的过程中一定要注意空间的前后虚实关系，靠前面的物体可以刻画得深入一点，后面的物体只要在透视和结构准确的前提下给予适当的阴影即可。

刻画形体复杂的吊灯时，可简单进行归纳为椭圆柱来进行理解。

靠枕的纹样表现不但能与沙发拉开空间关系，还可以体现细节的刻画，丰富画面的视觉效果。

植物的表现要注意其形体特征和穿插关系，才更能体现出植物本身的结构和透视关系。

（6）如果是纯粹的黑白稿，可以对画面的黑白灰进行加强对比，增强画面的视觉冲击力，使画面效果看起来更有对比度和鲜明的特征，所以我们不妨大胆地加重投影和物体暗部的处理。

透视图中，一般远景的形体可简单概括，无须太多的细节刻画。

装饰雕花板的复杂变化要把握其整体透视和明暗面的处理，否则很容易出现零碎感。

在处理电视柜投影时，切忌平均对待，否则将影响到形体在空间当中的透视感。

10.1.2 美式主卧表现

（1）用铅笔定好灭点和视平线，视平线在室内高度1/3处，然后拉出室内空间的各个面，把地面划分为4等分，每个等分为800mm，接着按照一点透视距点求深度法画出每格的深度，以便后面摆放家具尺寸可找到依据。

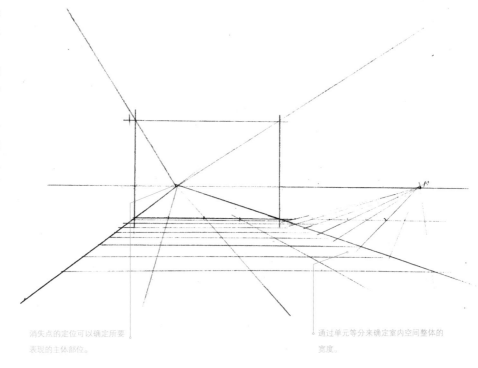

消失点的定位可以确定所要表现的主体部位。

通过单元等分来确定室内空间整体的宽度。

（2）按照2000mm的长度和宽度找到床体的相应位置，然后按照同样的方法依次把其他的家具平面画出来。

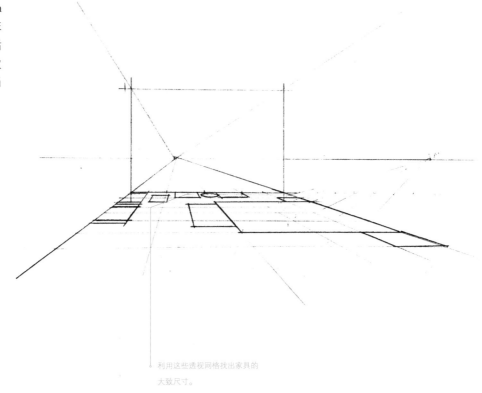

利用这些透视网格找出家具的大致尺寸。

（3）把每个家具的平面图按照透视关系画成立体图，并在透视画面上找到家具的真实高度，这样每个家具的基本形体就出来了，然后仔细观察画面是否完整，如果还需要添加一些物品，可以在这一步完成。

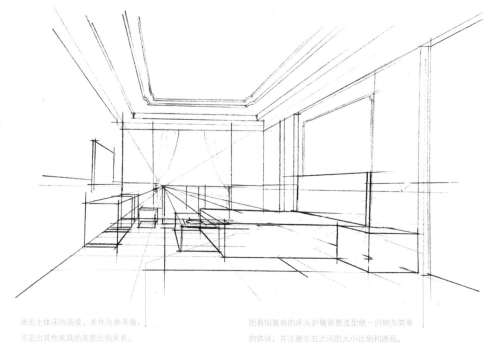

画出主体床的高度，并作为参考值，可定出其他家具的高度比例关系。

把看似复杂的床头护墙背景造型统一归纳为简单的体块，并注意左右之间的大小比例和透视。

（4）根据风格特点画出大体相应的界面造型和家具的样式，并进行细节上的处理，结合画面丰富其效果，比如在床面上可增添一些抱枕及配饰。

家具的形体结构要细致刻画到位。

室内的小陈设在画面中能起到很好的渲染作用，如抱枕、相夹等。

通过对角线等分法来表现出家具面板上装饰造型的透视。

（5）为了突出画面的整体效果，可在床头灯的灯罩上表现其固有色，加强画面的色调节奏感。因为美式家具的形体和整体风格在造型上偏复杂，所以需要花点时间对每个物体的细节进行深入的刻画。

地毯上面的花纹用细点的笔轻松勾勒出来，每画一笔都要有透视变化。

家具面上的亮光处理用精炼的线条去排列组织来体现质感。

墙纸和抱枕上的花纹简单几笔带过就可以了，线条感觉不要太过于明显。

在加重灯罩固有色时，可以用竖直线的有序排列表现，但注意灯罩的体积和圆润感，其高光和反光的刻画很重要。

（6）加重物体的阴影和暗部的处理来加强画面，黑白稿中可以用黑白关系色调来体现画面的视觉效果。最后通过画点的表现技法来呼应和联系每个物体，同时也活跃了画面的氛围。

墙面电视机投影的表现可以借助尺子用深一点的笔触从上到下画一两笔就可以了。

点的表现可以起到丰富画面的作用。

10.1.3 简中客厅表现

（1）用铅笔定好灭点和视平线，视平线在室内高度800mm处，然后拉出室内空间的各个面，并把地面划分为8等分，每等分为500mm，接着按照一点透视距点求深度法画出网格的深度，以便后面摆放家具尺寸可找到依据。

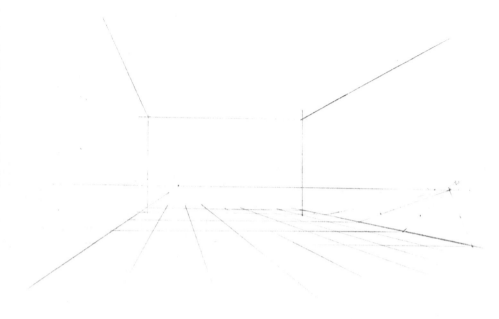

（2）根据家具的尺寸和摆设的位置逐个画出它们的高度，要注意家具之间的高低位置和比例关系，对每个家具的大致尺寸要熟练，不要出现比例不协调的视觉效果。暂时先不要考虑物体的细节，先把物体进行归纳为方体形状，这样就基本上可以确定空间关系了。

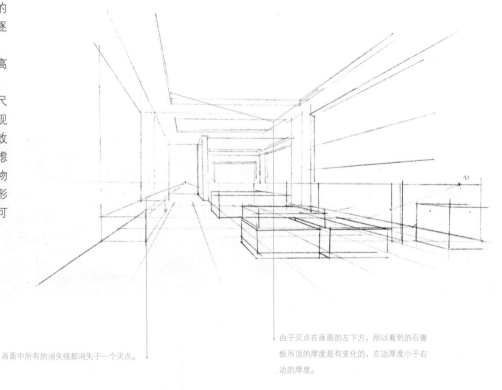

画面中所有的消失线都消失于一个灭点。

由于灭点在画面的左下方，所以看到的石膏板吊顶的厚度是有变化的，左边厚度小于右边的厚度。

（3）根据风格特点画出大体相应的界面造型和家具的样式，并进行细节上的处理，加上一些收边的装饰物品来平衡画面的视觉效果，但是在这个过程中切忌物体和物体的外轮廓线重合在一起，使物体与物体之间拉不开空间关系。

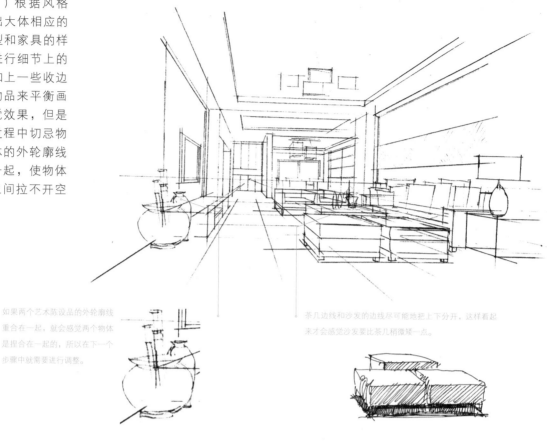

如果两个艺术陈设品的外轮廓线重合在一起，就会感觉两个物体是捏合在一起的，所以在下一个步骤中就需要进行调整。

茶几边线和沙发的边线尽可能地把上下分开，这样看起来才会感觉沙发要比茶几稍微矮一点。

（4）对每个物体的结构进行分明和细化，不断地进行物体之间的比较，发现其中的错误，然后通过有效的分析，再调整正确。

艺术陈设在画面中起到很好的装饰作用，同时也可以衬托出周围物体的比例。

靠枕的造型要有大小、高低的变化关系。

（5）通过不断地对比画面的主次虚实，再次丰富画面的细节。在处理画面边缘处可简单概括大致形体，始终围绕主体进行刻画。画面右下方的沙发边柜只要画出形体的3个面即可，不需要过多的刻画和修饰。完善画面整体关系可添加一些绿色植物来收边，给空间增加一些生命力，同时也对一些材质的纹络给予深刻的表现，丰富其物体材质的变化，注意用笔要轻松随意一些，柔化一下画面直硬的线条，使画面看上去比较轻松愉悦。

茶几的反光面，可以通过竖直线的组织排列来表现。

抱枕之间的处理可以通过阴影来体现前后空间关系。

沙发边柜投影的形状，要有自上而下从窄到宽的变化。

画面边缘物体可简单概括处理，画出形体的3个面即可，不用画太多的细节。

（6）加强物体的阴影，强化黑白灰效果，同时注意渲染室内空间环境的气氛。

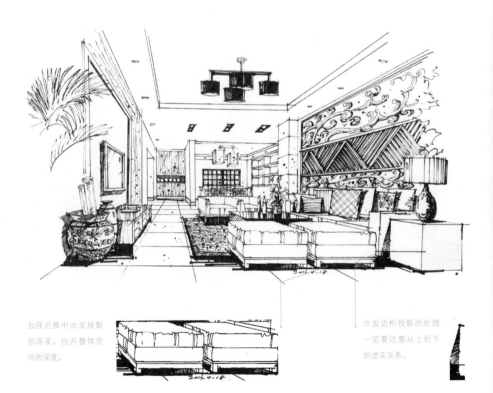

加强近景中沙发投影的深度，拉开整体空间的深度。

沙发边柜投影的处理一定要注意从上到下的虚实关系。

10.1.4 现代客厅表现

（1）用铅笔先定好灭点和视平线，视平线在室内高度1000mm处，然后拉出室内空间的各个面，接着把地面划分为8等分，每等分为500mm，室内客厅的宽度为4000mm，最后过灭点把地面的参考格画出来。

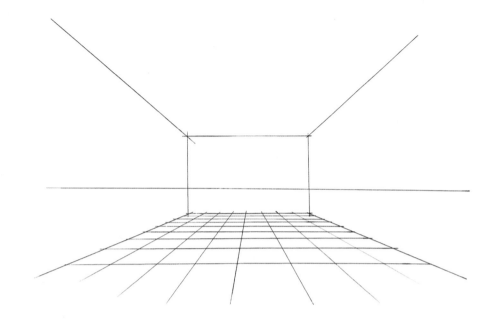

（2）将所有物体的平面按照严谨的透视关系画出来，以便能够清楚地看到每个家具之间的距离和透视关系。当把家具放进室内客厅的时候，要考虑到家具摆放中线的位置，即沙发的位置的中线，茶几的中线和电视柜的中线是在同一直线上，这样就可以避免有物体摆放的位置不准确。

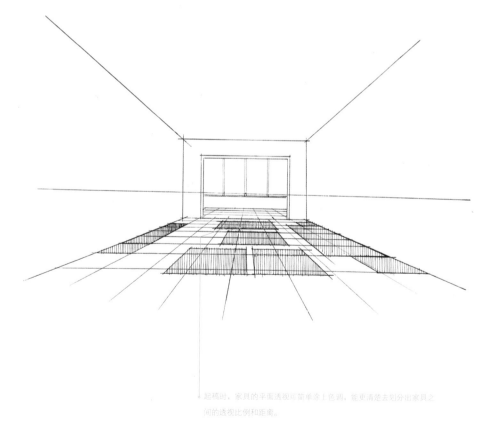

起稿时，家具的平面透视可简单会上色调，能更清楚去划分出家具之间的透视比例和距离。

（3）交代清楚空间和家具的结构，画出家具的几个大的转折面，然后画出天花和电视背景墙的设计造型。为了能衬托画面的主体，可以在画面的边缘处勾勒几笔简单的植物来做陪衬与收边，可起到平衡画面的作用。

任何一组沙发都可以简单归纳为立方体的结构去表现。

在手绘表现图中对一些局部地方可适当进行留白处理，增强画面的艺术感染力。

（4）在块面的基础上，对家具的结构和造型进行细节上的刻画，在刻画细节的过程中一定要把握画面的整体关系。为了能使画面具有生动感，可以利用一些线条的对比关系作为表现技巧，比如图中的电视背景造型用线比较硬朗，所以在背景墙左右边添设艺术陈设品的时候，要尽可能地画一些柔性的线条和质感，来做到画面软硬结合。

画窗帘用笔要流畅，通过线条的穿插组织可以表现出窗帘叠加的效果。

窗帘的表现在用笔上要刻意去停顿，营造出变化不一的褶皱感。

画面中任何一个部位都应当考虑到与周围物体的节奏与层次关系。

（5）在形体与透视基本准确的前提下，生动地刻画出物体的材质与光感。值得提醒大家的是，每种材质的表现手法和用笔是不一样的，在前面章节中有讲到表现窗帘和砖石纹络可用折线的方法来完成。

石材的用笔要干脆有力，通过折线与点的组合更深入地去表现其质感。

在侧墙面上的镜面直接反映出所朝向的空间景物，所以在表现时，要注意两者之间的形状保持透视关系上的对称性。

为了丰富画面整体效果，可在窗户外画出简单形体的建筑物。

（6）加强阴影效果的处理，平衡阴影关系，使画面更有对比关系。通过阴影的刻画可以更好地拉开物体和物体的空间关系，直到画面达到令人满意的效果。

底部投影面可朝透视方向排线。

加重物体底部的投影，使物体更有重量感。

10.1.5 中式客厅表现一

（1）用铅笔定好灭点、视平线和室内宽高的比例，视平线定在室内高度1000mm处，然后拉出室内空间的各个面，接着通过一点透视距点求深度法画出室内参考尺寸，并把家具的平面按照空间摆设关系逐个画出来。

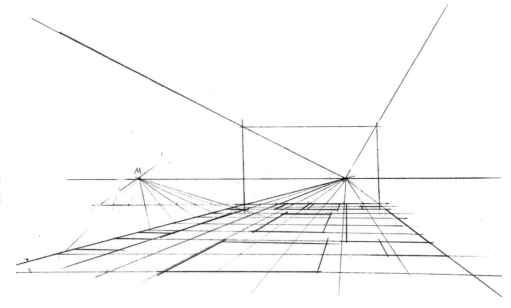

（2）在确定好每个家具的平面位置以后，擦去多余的辅助线，注意留下灭点的痕迹，方便接下来的绘制，然后加重家具平面图，让画面看起来简洁明了。

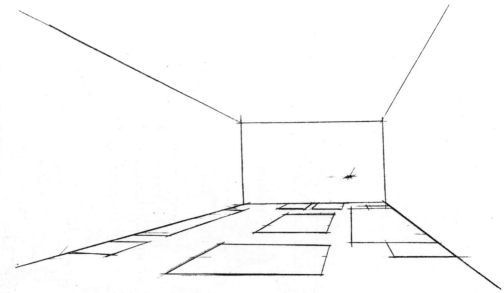

（3）依照家具的尺寸画出高度，并确定体块的大小和形状，形成空间的透视体块，然后把相应的透视空间也绘制出来，每画一根线条都要注意顺应一点透视的基本特征和规律，接着用铅笔将家具及配饰进行细化，把结构关系表现出来。

画到有对称形体的造型时，一定要考虑到它的透视变化，前面半部分要宽点，后半部分要窄一点。

（4）在物体透视关系都基本准确的条件下，用钢笔或者是签字笔把每个物体及空间关系勾画出来，同时在勾勒的过程中如有形体不准确的地方，应马上给予修改和调整。

在同等大小物体上应注意前后的透视变化。

要准确地勾勒空间结构线。

（5）为了让观者或者是客户更明了地看出空间的设计效果，可以适当表现出物体的材质与阴影。

石头的刻画，要表现出坚硬的质感，需要以下3个方面入手。首先，要把石头的3个面表现出来，也就是我们通常所说的黑、白、灰的色阶过渡；其次，石头的每个转折面要明快和硬朗，所以在用线排列的时候一定要干脆利落，用笔到位；再次，石头的外轮廓坚硬和穿插关系一定要给予深入的表达，用笔不能含蓄拖拉，有力度的一次性完成。

通过柔性线条表现出衬布的柔软度。

通过斜线排列来表现茶几的结构造型和明暗关系。

（6）调整画面整体的关系，加强前面物体的对比关系，减弱后面物体的对比关系，有意识地去加强画面的透视感和层次关系。

处理暗部时，应考虑到上下色调的深浅变化，注意线条的疏密和排列的间距。

主体物之间的对比要强烈，色调浓重。

10.1.6 中式客厅表现二

（1）用铅笔定好灭点和视平线，视平线在室内高度1500mm处，然后拉出室内空间的各个面，接着通过一点透视距点求深度法画出室内深度为5000mm，每一网格为1000mm，以便后面摆放家具尺寸可找到依据，最后把客厅后面的餐厅位置给确定下来。

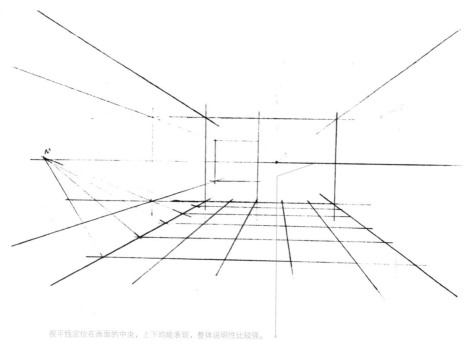

视平线定位在画面的中央，上下均能表现，整体说明性比较强。

（2）将所有物体的平面按照严谨的透视关系画出来，以便能够清楚地看到每个家具之间的距离和透视关系，然后擦掉多余的辅助线，接着根据家具的尺寸和摆设的位置逐个画出它们的高度，但是要注意家具之间的高低位置和比例关系，对每个家具的大致尺寸要熟悉，不要出现比例不协调的视觉效应。

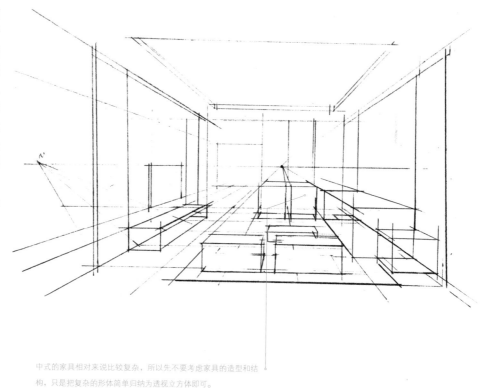

中式的家具相对来说比较复杂，所以先不要考虑家具的造型和结构，只是把复杂的形体简单归纳为透视立方体即可。

（3）根据中式风格的特点用铅笔徒手画出大体相应的界面造型和家具的结构样式，然后进行细节上的处理。为了平衡画面的视觉效果，可以在画面的边缘加上一些收边的装饰物品和绿色植物。

形体复杂的雕花应找出其结构规律，并有效掌握。

中式风格家具以线条表现为主。

（4）用钢笔或者是签字笔把空间的结构线和家具的外轮廓勾出来，注意要遵循从前向后画的原则，越到后面的物体刻画的时候要有意识地进行简化，并找出每个物体的阴影关系。

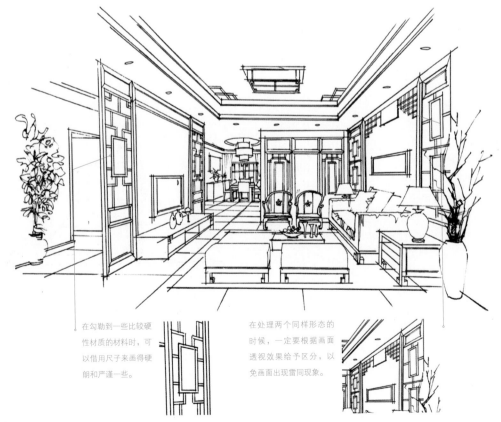

在勾勒到一些比较硬性材质的材料时，可以借用尺子来画得硬朗和严谨一些。

在处理两个同样形态的时候，一定要根据画面透视效果给予区分，以免画面出现雷同现象。

（5）深入刻画出每个物体的结构、体积，以及物体与物体之间的联系，以免出现"各自为阵"的画面效果。同时画出物体之间的阴影关系，拉开物体与物体之间的空间和层次感，区分开主要空间和次要空间的主次关系。

用曲线表现结构时，落笔要心中有数，线条流畅、随意。

枝干的用笔应自下往上去绘制，给人干净有力，蓬勃向上的感觉。

（6）调整画面的整体感，做到主次分明，层次丰富，避免出现琐碎的感觉。加强画面的黑白灰节奏，通过点状表现来呼应主次空间的关系。

在处理中式雕花的细节上以结构为主，但是也要注意明暗转折面上的刻画。

在中式元素中，线条的表现很重要，需要细心去处理，以免减弱中式的味道。

10.1.7 会议室表现

（1）用铅笔定好会议室空间的宽和高的比例，然后确定灭点和视平线，视平线在室内高度1500mm处，接着拉出会议室空间的各个面，并通过一点透视距点求深度法画出室内深度为6000mm的会议室空间，其每一网格为1000mm。

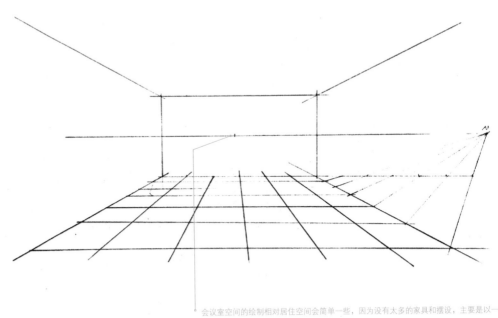

会议室空间的绘制相对居住空间会简单一些，因为没有太多的家具和摆设，主要是以一张会议桌为主。

（2）在画之前应先了解会议桌椅的大小尺寸，并确定好会议桌椅的平面位置，然后找出它们的高度并逐个向灭点引线，再直接把它们立起来，在画的同时可以擦去多余的辅助线，这样会议室桌椅的立体透视方形就画出来了。

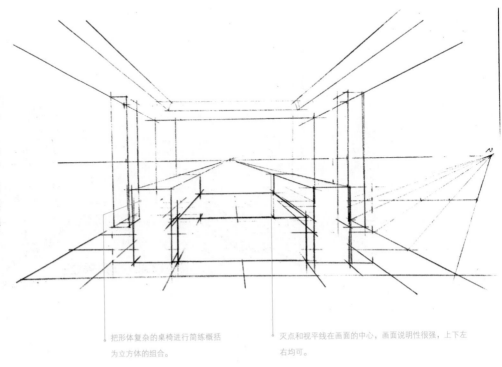

把形体复杂的桌椅进行简练概括为立方体的组合。

灭点和视平线在画面的中心，画面说明性很强，上下左右均可。

（3）用铅笔将立体方形按照桌椅的大小尺寸和造型进行刻画，注意结构和比例关系的表现，同时把周围的立面造型墙也细致地刻画出来。在刻画双排椅子的过程中一定要遵循近大远小的透视原理，起初画的透视线暂时先不要擦掉，以便在细节描绘的时候给予准确的参考。

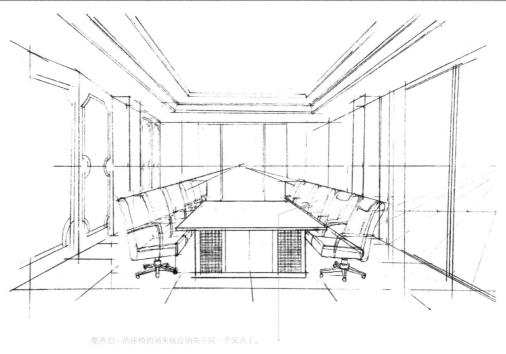

整齐划一的座椅的消失线应消失于同一个灭点上。

（4）用钢笔或者是签字笔把空间的结构线和会议桌椅的外轮廓勾勒出来，然后对其进行细画，明确物体与物体之间的遮挡关系，接着找出每个物体的阴影关系，并添加绿色植物和会议文件，更深入地去表达所要刻画内容的主题。

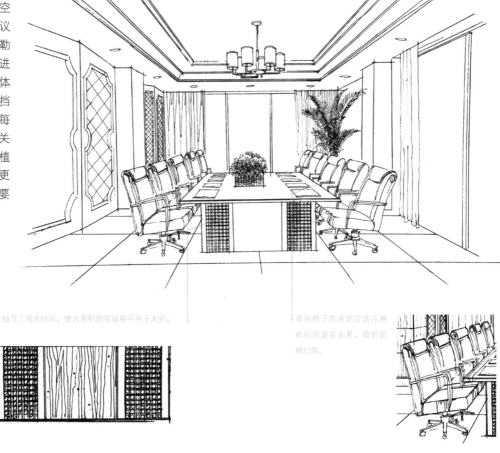

在细节上用点时间，使大面积的会议桌不至于太空。

排列椅子的表现应该注意前后的虚实关系，做到前精后简。

（5）深入刻
画出每个物体的材
质和质感，并加以
阴影关系的表达，
增强室内的光感。

木材纹理千变万
化，用线条表现出
其丰富的效果。

绿色植物的明暗可以用
块面去概括，避免过于
琐碎。

（6）加强画
面的黑白灰节奏，给
地面加上倒影，使地
面材质看起来更有质
感，然后配以收边的
植物来协调画面的整
体效果。

地面为光泽度较高的材
质，可以使用竖直线来
表现出其质感。

镜面或者是玻璃的表
现，可先把室外景物直
接画好，然后在无形的
玻璃面上用直尺画出几
道斜线来表示反射。

10.1.8 中式别墅表现

（1）别墅空间的表现方法和小空间一样，也是先确定好画面的灭点和视平线的位置，通常在表现到一些大场景空间的时候，一般都会把视平线的位置定得稍微低一些，然后把相应的家具和摆设按照透视关系画出来，拉起高度，形成空间的透视体块。

视平线放低，所看到的天花部分就多一些，在视觉上会形成一种很有气势的感觉，来体现别墅空间里所特有的气场。

视平线放低，看到的家具基本上就会重叠起来，在表现的过程中就不那么烦琐，相对容易表现一些。
视平线放低，整体出来的效果比较有稳重感。

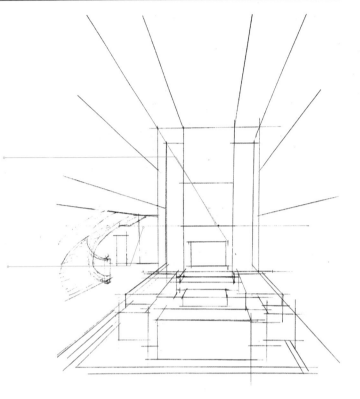

（2）在体块空间的基础上，从前往后进行细画家具的特征和结构，进一步细化立面及天花造型的设计方案。

（3）到这个步骤的时候，一定要注意物体的遮挡关系，不要出现外轮廓含糊不清的情况。同时也要注意物体近大远小的关系，同等大的物品，前面的要大点，后面的要小一点。

注意整体的透视变化和空间的划分。

注意近大远小的关系，前面的吊顶造型和后面的吊顶造型在大小上会向消失点方向缩小。

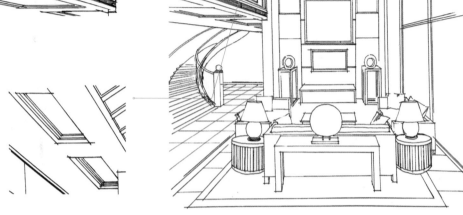

（4）对所有物体进行细致的刻画，在形体、结构、明暗、阴影和材质上都要表现得很到位。

给扶手与玻璃交接处加上明暗与投影，使扶手不会显得那么单薄。

加重大理石面柱的明暗转折线，加强柱子的体积感。

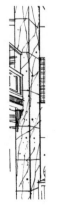

（5）调整画面的整体虚实关系，加重投影的刻画，强化黑白灰的整体效果。

2013.4.26

为了体现风格特性，可在一些细节上注入风格元素。

在暗部的处理上可以用适当的乱线来表达，但应注意乱中有序。

10.1.9 现代餐厅表现

（1）用铅笔进行前期打稿，确定好餐厅空间的宽度和高度，然后确定灭点和视平线，框选各个交点与灭点连接画出室内空间的各个面。

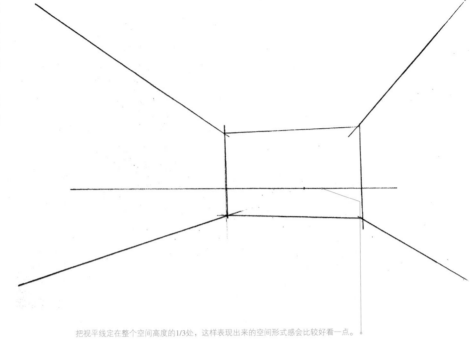

把视平线定在整个空间高度的1/3处，这样表现出来的空间形式感会比较好看一点。

（2）确定好餐桌平面在餐厅中的位置，然后画出高度形成立方体透视空间。

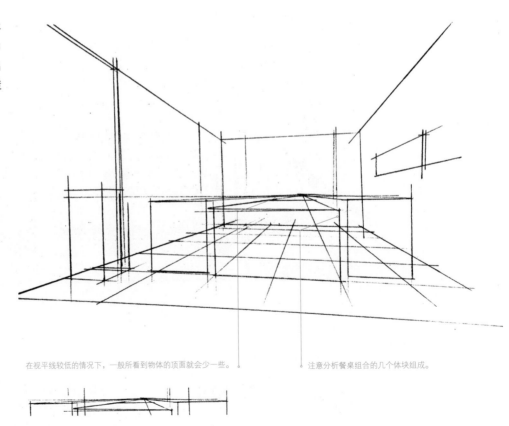

在视平线较低的情况下，一般所看到物体的顶面就会少一些。

注意分析餐桌组合的几个体块组成。

（3）在透视立方体的基础上细化家具的形式和结构。一张好的表现图里，不但有直线构成的方块结构造型，而且也要做一些曲线或者是圆形的结构造型，这样可以丰富画面的视觉效果，也可以起到软硬之间的对比关系。

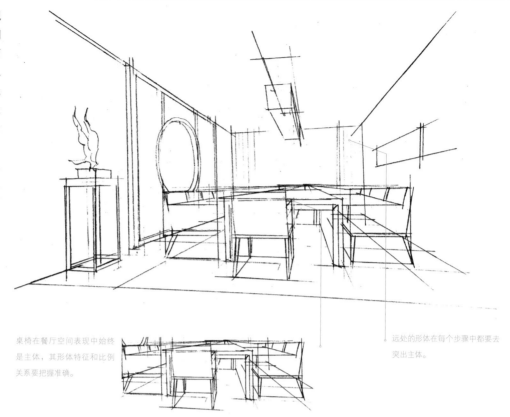

桌椅在餐厅空间表现中始终是主体，其形体特征和比例关系要把握准确。

远处的形体在每个步骤中都要去突出主体。

（4）在铅笔稿上用钢笔重新勾勒画面中的所有形体，明确物体与物体之间的关系，并找出每个物体的阴影关系，然后添加餐具，更深入地去表达所要刻画的主题内容。

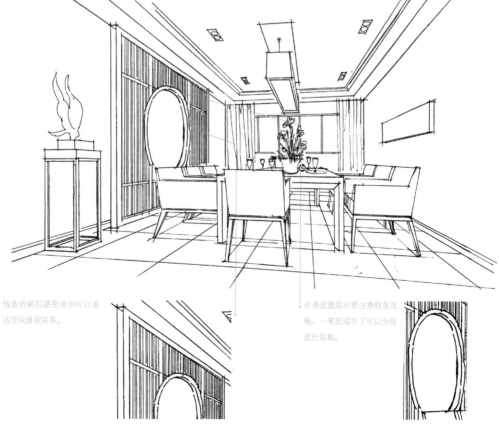

线条的前后疏密排列可以表达空间透视关系。

在表现圆弧时要注意线条流畅，一笔完成不了可以分段进行勾勒。

（5）深入刻画出每个物体的材质和质感，加以阴影关系的表达，增强室内的光感。

（6）加强画面的黑白灰节奏，调整画面的整体关系，给地面加上倒影，使地面材质看起来更有质感。

天花吊顶的处理，用线要简洁、到位。　　　　与地面接触到的线条可以画重一些。

竖线条的表现可以表达地面的反光，排列的线条要有疏密变化。　　　前餐椅的投影可以刻画得更丰富，有层次。

10.2 室内空间两点透视表现

两点透视最大的特点就是透视图面效果比较自由、活泼，反映空间的效果比较接近于人的真实感觉，视域大且非常灵活，缺点就是角度选择不好容易产生透视变形，这也是我们学习透视图表现的重点。下面列举一些室内空间的案例进行绘制步骤的讲解，供大家临摹和练习。

10.2.1 酒店客房表现

（1）先把平面图绘制好，按照家具的比例关系把它放置在空间里面，然后把地面的每个格子划分出来，方便在画透视的时候能够准确地找到相应的位置。

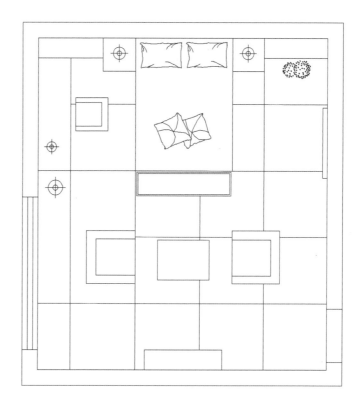

（2）确定视平线，房间的高度（AB为3m，真高线）和两个余点V1、V2，然后作A、B两点与V1、V2的连接线拉出房间的墙面，接着以V1、V2为直径画圆弧，交AB的延长线于视点S，再分别以V1、V2为圆心，V1S、V2S为半径作圆弧，交得视平线上的M1、M2两点，M1、M2为透视进深的测量点。

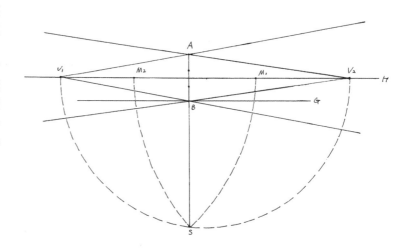

（3）过B点作基线G，以AB同样的比例标明确室内的长宽尺度，然后分别过M1和M2作基线上的各个刻度的连线，并延长至B点两侧的透视线上交于各个点，接着将各个点分别连接M1和M2，并反向延长，形成地面透视网格，这时我们所得到的每块地面格子为1m乘以1m。

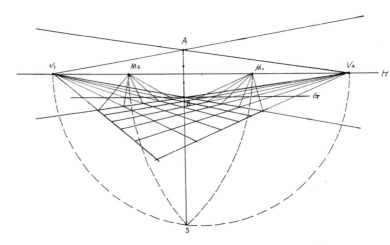

（4）按照空间的实际尺寸和透视关系完成整体空间的透视网格，每个网格的尺寸均为1m乘以1m，然后把平面上的家具按照比例关系在透视网格中画出来。

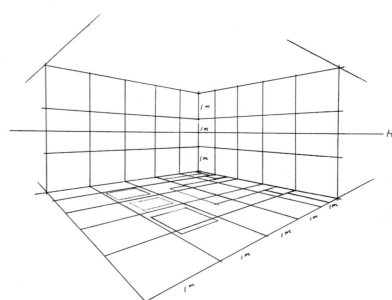

（5）通过真高线AB的尺寸来寻求每个家具的真实高度，把所有的家具全部用体块表现出来，形成体块透视空间感。

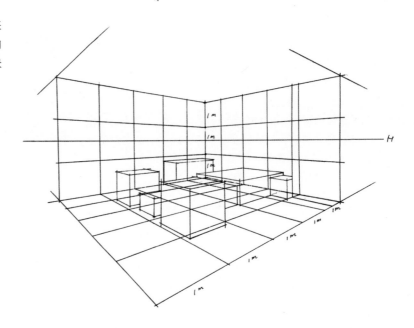

（6）细画所有家具的大体结构和造型，并把周围的空间结构线给予明确和细画，然后通过添加室内装饰配件来完善整体空间的视觉效果。

通过分析，床体是由一个横向长方体和竖向长方体组合而成。

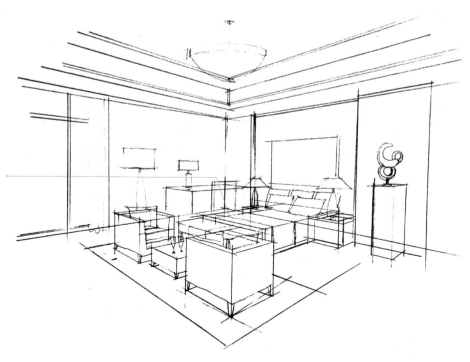

（7）选用钢笔或者是签字笔将前后不同的物体和家具再进行勾勒定稿，要注意整体空间中墙面结构的体现，根据不同形态和不同材质的物体，可以用不同的线条表现形式生动地描绘出来，对一些模糊的形体再次给予确定。

用钢笔定稿主要是将主要形体及转折有意识地进行松紧结合的勾勒，形成一种收放自如的形式感觉。

用室内细节结构的穿插来表现透视的空间感觉。

（8）深入刻画每个形体的结构、明暗及材质变化，并不断地调整整体画面的主次和虚实关系，然后加入一些收边的植物和一些小陈设来丰富主体空间。

通过斜线的排列表现出透明玻璃的质感。

受光面和背光面通过线条的排列给予区分。

（9）加强物体的结构线和明暗层次，完善整个透视阴影关系，加重物体底部投影的深度，使画面具有更强烈的光影变化。

抱枕加上图案或者在表面上刻画出机理效果，可以处理好与周围的前后空间关系，同时也会增强本身的立体感。

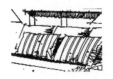

室内的材质需要简单的表现，比如装饰面板。

10.2.2 客厅空间表现

（1）用铅笔画出客厅的高度垂直线，然后找出两个灭点的位置，确定室内空间的各个面，接着确定地面的位置和家具的平面透视尺寸。

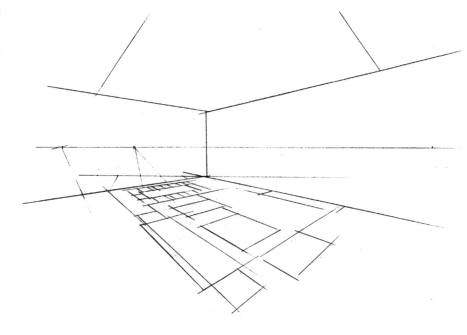

（2）确定每个家具的高度，把握好各个方体之间的比例关系，先将家具概括成立方体的形状，形成空间方体的整体透视感。

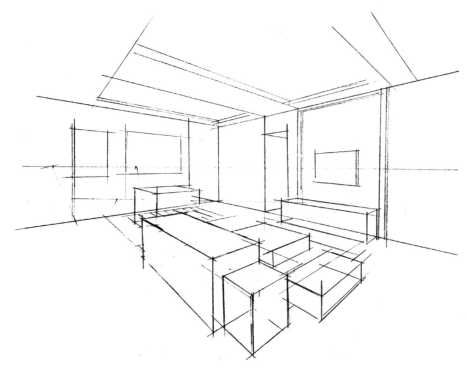

（3）逐步细画家具的各个部位，同时强调家具之间的关系，使其产生错落变化的位置，然后确定电视背景的大小尺寸和其他界面的设计造型感。

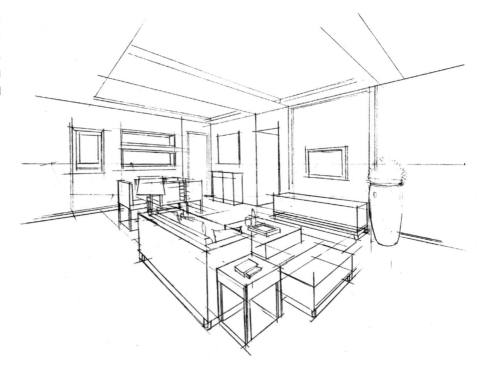

（4）用钢笔定稿，细画家具的结构和形态特征，添加一些艺术摆设，营造出家居的艺术氛围。

沙发的转折处应处理得柔和一些。

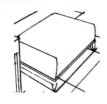

用弧型折线勾勒植物的外形轮廓。

（5）分析室内光源，确定室内空间与周围家具的阴影关系和家具本身的明暗关系，并进行细画，使物体更真实，然后画出边上的植物来调节画面的和谐感。

用竖直线的排列来画出光照轮廓。

暗部的刻画从上而下渐变过渡，同时要留出反光。

（6）加强画面的黑白对比度，加重物体底部的阴影。室内的装饰材质需要简单的表现，比如一些亮光面家具，需要通过排线的表现技法来完成，同时加一些点的表现技法来呼应其整体的画面感。

用排线的方法来渲染光影的层次效果。

重点刻画中间茶几的明暗对比，增强画面中前后之间的层次感。

10.2.3 起居室表现

（1）确定起居室的空间尺寸，画出视平线和两个灭点，把家具的平面先大体归纳出来，以及空间中的隔断位置，然后确定家具底面的透视形体，并相应画出家具的透视深度。

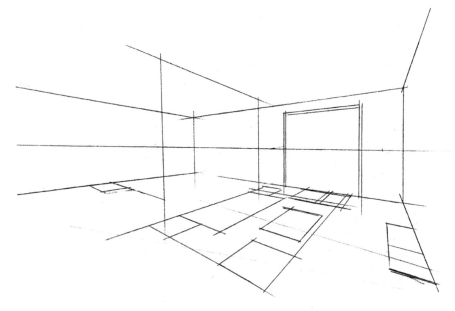

（2）找出家具的高度和各个家具之间的比例关系。

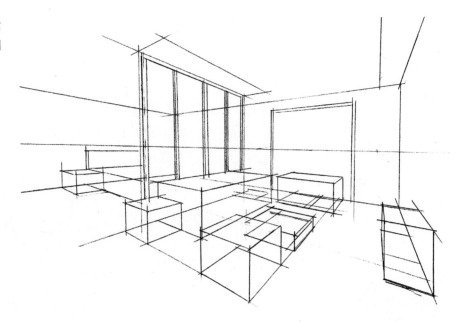

（3）在确保透视准确的前提下，细画家具的结构和特征，并调整画面的整体关系，使之达到画面丰满。

（4）用钢笔定稿，对物体进行深入的刻画和材质的区分。

窗帘可以通过阴影的表现体现出褶皱的起伏感。

（5）给地面画上铺设材质，过渡画面整体的明暗对比度，然后对物体的阴影关系进行刻画，增强物体的体积和分量感。

中式家具以实木为主，底部阴影必须加深。

玻璃器皿通过线条的有力排列，可以表现出其质感和透明度。

（6）完善整个画面的细节，刻画物体的倒影，加强透视图的黑白灰效果。

家具暗部的刻画可以通过竖线和斜线条的有序排列组织来表达。

对受光面和背光面上的色调进行强有力的区分。

10.2.4 客餐厅表现

（1）先选好构图，确定视平线和两个灭点的位置，拉出各个墙面。

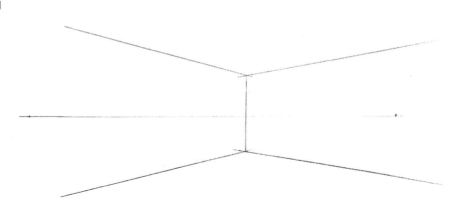

（2）对于两个空间的表现，要着重强调其中一个空间的表现，可以通过灭点的位置来确定。在这张透视图中，主观强调画面中的沙发组合是所要表现的重点，用笔干脆利落地体现出物体大的空间感觉。

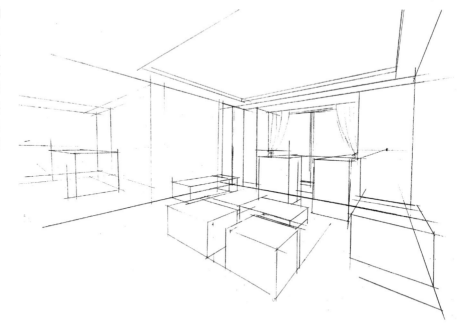

（3）细化空间的每
个部位，体现出形体特征
和十足的透视感。

（4）从空间的墙面
结构线入手，用钢笔将
每个物体的结构线进行
勾勒，以画面组合家具为
主，并逐步深入。线条应
肯定有力，不应太考虑细
节的变化，以表现物体大
的体块关系为主。

同等大小的物体在透视图中应注意其远
近大小的变化。

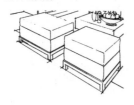

窗帘的画法在不同的空间里要适当地去
进行呼应来体现风格的特性。

（5）加强物体的细节刻画，如：电视背景墙大理石边框的刻画，沙发背景的虚化处理，使之起到衬托家具组合的效果。

大理石边框暗部的处理，要注意明暗色阶渐变。

运用柔软的线条来表现沙发的褶皱，体现沙发的柔软度。

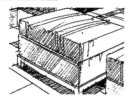

（6）加重物体的阴影刻画，强化画面的对比关系，然后在画面上添加点的效果，使整体画面形成点、线、面的视觉艺术效果。

虚化沙发与边柜的对比，强调沙发靠垫的细节处理。

在画面中心的茶几表现对比要强烈，细节要生动。

10.2.5 卧室表现一

（1）画出视平线的
高度，拉出各个墙面。

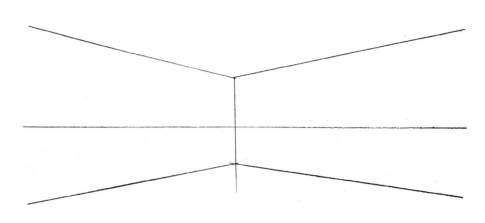

（2）画出室内空间
主体的大体形状，以床为
主的立方体透视空间关
系，然后把室内空间的结
构和基本造型表现出来。

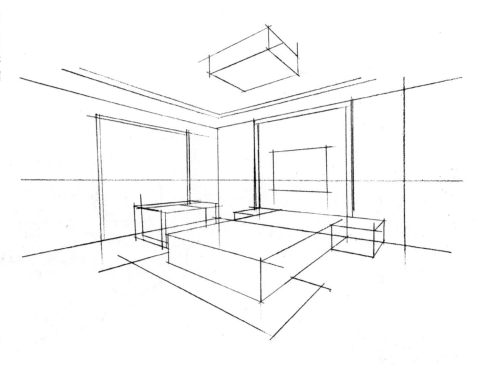

（3）细分物体的结构和轮廓，根据画面所要表达的场景添加艺术摆设和其他家具来丰富空间的层次，使简单的空间不那么单调。

如果床的大面积过空时，可加入一些布艺条或者是其他的小装饰品。

（4）从空间的墙面结构线入手，用钢笔将物体的结构和轮廓进行勾勒和表达出来，在细化的过程中不断给画面上画一些小的装饰品，使之融合到一起，注意在用笔上一定要有把握，一次性画到位。

在布艺条上加上陈设品可以丰富床面上的层次关系。

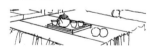

现代简约风格的沙发在表现时，线条要简单、利落，重点在于对形体结构的把握。

（5）细致地刻画物体的光影变化关系，增强画面前后左右的层次感。主体床可以详细刻画到位，用笔的方式可以细腻多变，相比之下的化妆台的刻画就要弱一些，反而更能衬托出床的主体位置。

起衬托作用的地毯可以简单处理。

勾勒一些比较次要，形体关系比较弱的植物可以调节室内环境。

（6）完善整个透视阴影关系，加强物体底部投影的深度，使画面更具有强烈的光影变化。

用娴熟的手法勾勒一些自由活泼的线条来增强画面的艺术表现力。

大胆地运用线条的排列，区分开形体的明暗关系。

10.2.6 卧室表现二

（1）选好构图，确定视平线和两个灭点的位置，然后拉出各个墙面，接着画出家具底面的透视，最后把要表达的物体进行区分细化。

比床面高的视平线定位，有助于表现床面更多的细节。

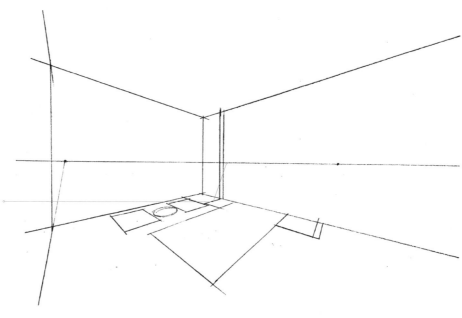

（2）确定好各个物体之间的比例和高度关系，形成立方体透视空间。

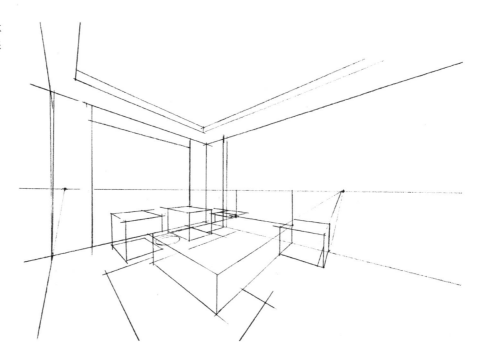

（3）细分物体的结构和轮廓，根据画面所要表达的场景，添加艺术摆设和其他家具来丰富空间的层次，弥补画面的不足。

线条的方向感可以引导空间的整体透视。

可以画出床上用品来丰富画面的空间关系。

（4）选用钢笔或者是签字笔将前后不同的物体和家具再进行勾勒定稿，要注意整体空间中墙面结构的体现，用笔可以硬朗一些，画到一些织物或者是弧形结构时，线条应流畅，有韵律感。

远景中的窗帘在用笔上可以轻松自然一些，表现出略带点飘动的感觉。

线条与线条之间的交叉要出头一点，以免呆板。

床单的褶皱效果用徒手来表现。

在画左右床头灯时，一定要注意近大远小，近高远低的透视关系。

（5）用排线的方式表达画面的阴影关系，空间的前后关系可以通过线条排列的疏密来体现到位，不可忽略每个家具中的投影关系，由于形体本身的结构和透视变化下所产生的底面阴影大小是不一样的，所以在细部刻画的时候一定要注意这一点。

在深入刻画形体时，要学会在适当的地方进行留白处理。

用斜线排列自上而下来体现投影的色调变化。

（6）强调画面的对比效果，可以在家具底部的阴影上再加重，加强画面中床的明暗对比关系，减弱窗户的明暗对比关系，来体现前后之间的空间感和画面的层次关系。

把床体理解为立方体来加强明暗关系的表现。

艺术陈设品在室内空间表现中是不可缺少的。不仅能活跃家居气氛，还可以丰富空间的层次。

通常情况下，受光面的整体投影要轻于背光面的投影。

两个不同空间的面要有强烈的疏密关系。

10.2.7 客厅表现

（1）选好构图，确定视平线和两个灭点的位置，拉出各个墙面。

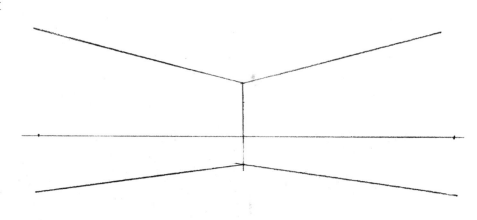

（2）通过两点透视求深度法画出室内地面空间长5000mm，宽5000mm的透视网格，以便提供家具摆设位置的标准尺度。

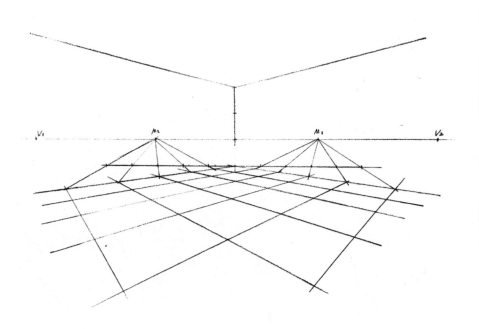

（3）找出家具相应的位置，并按比例关系以及严谨的透视关系画出来。

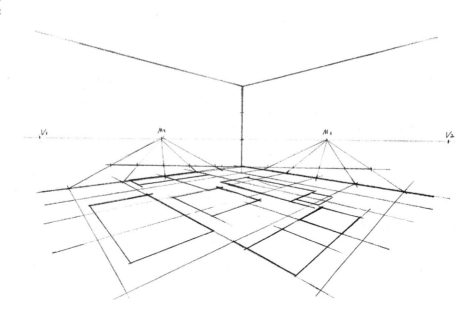

（4）根据家具的实际大小尺寸，确定各个物体的高度，画出家具体块的空间透视。

注意立方体的两点透视变化。

（5）用铅笔细化家具的结构和造型特征，并刻画出墙体的立面造型。

铅笔稿勾勒是一个相当放松的过程，不拘泥于细节上的刻画。

形体的结构线在画铅笔线稿的过程中就要交待清楚。

（6）进一步勾勒空间的每个物体和界面造型，注意笔法的多样性，通过线条的勾勒直接就能展现出形体的材质变化，然后擦掉多余的铅笔稿。

椭圆造型要注意透视特征，前半圆要大于后半圆。

弧线勾勒要心中有数，一气呵成。

（7）深入刻画每个物体的形体结构、明暗关系和材质的变化，然后开始调整画面的整体关系。

远景的形体简单带过，只刻画出形体特征即可。

主要家具仔细刻画出详细的结构和明暗关系，丰富其家具本身的美感。

在手绘表现透视图中，将所有的家具面全部刻画到位是不可取的，处理不好会产生零乱感。

表现出地毯的纹理，会更有效地表达其质感和所处空间的份量。

（8）加重投影的深度和物体的虚实变化，通过点、线、面的表现技法来调整和呼应整个画面的节奏和韵律感。

底部投影要刻画出丰富的明暗变化关系。

窗帘的表现要体现出松紧关系。

投影的刻画可以用竖直线的排列组织，但是要有疏密的变化。

10.2.8 别墅空间表现

（1）别墅空间绘制
也同样先用铅笔画出整体
空间的高度垂直线，然后
找出两个灭点的位置，确
定室内空间的各个面。

两点透视会有两个消失点。

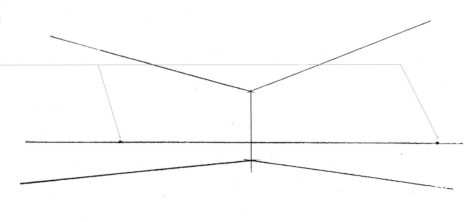

（2）将别墅空间形
体复杂的结构进行简单的
归纳，把主要的室内家具
体块绘制出来，注意透视
关系，大空间的透视相对
来说会复杂一些，透视不
准确就会影响到画面的整
体视觉效果。

在确定大体空间关系时，用笔要干净利
落，体现物体大的空间感觉。

两点透视的所有形体透视线分别向左右
余点消失。

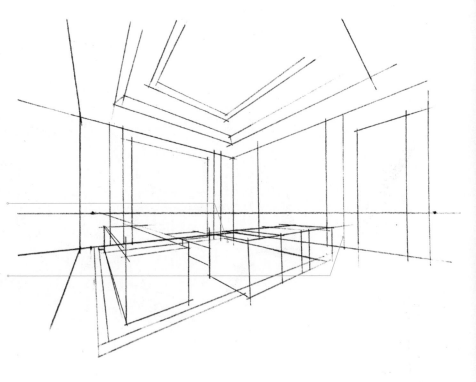

（3）在主体体块结构确定的基础上，要把它进行细致到位的刻画，用铅笔细化勾勒出家具的结构和造型特征，并带出墙体的立面造型。

视平线定在画面较低的位置，所看到的天花部分就会多一些。

（4）用钢笔或者是签字笔将前后不同的物体和家具进行勾勒定稿，要注意整体空间中墙面结构的体现，用笔可以硬朗一些，画到一些织物或者是弧形结构时，线条应流畅，有韵律感。尤其是勾勒一些复杂的形体时，一定要先找到方法，并要有耐心地一个一个勾画出来。再添加绿色植物收边，以平衡画面的视觉效果。

增加柱子形体的细节刻画。

主观虚化背景墙面，衬托前面的家具组合。

（5）用排线的方式去表达画面的阴影关系，空间的前后关系可以通过线条排列的疏密来体现到位，不可忽略每个家具中的投影关系，通过细节的深入刻画不断地呼应空间的整体效果。同时对大面积的地面材质进行表现，以免地面单调无味。

用笔要细腻，投影的调子排列应该秩序整齐。

阴角线的样式结构要表达清楚。

（6）完善整个画面的细节处理，加强阴影关系的平衡，对一些结构线再进行勾勒和刻画，同时注意整个画面氛围的渲染。

欧式沙发线条复杂，在勾勒时注意舍取和疏密关系。

运用折线的表现来丰富地面材料的质感，避免画面前景单调。

10.3 室内鸟瞰图表现

室内手绘表现图中除了一点透视、两点透视以外，其实最有说服力的表达方式应该是鸟瞰图，它所表现出来的空间场景更具直观性，可以把每个空间的立体效果和空间动线表现得更真实，使观者更容易看懂，犹如进入一个真实的空间。其缺点就是比较难表现，完整地绘出一张准确到位的鸟瞰图所花费的时间会多一些。下面举几个实体案例进行步骤讲解，希望大家快速掌握鸟瞰图绘制的基本方法和途径。

10.3.1 客餐厅表现一

（1）把室内空间的平面布置图分析清楚，确定整个平面布局和地面型材的铺设，然后根据所要表现的重点来确定合适的灭点。

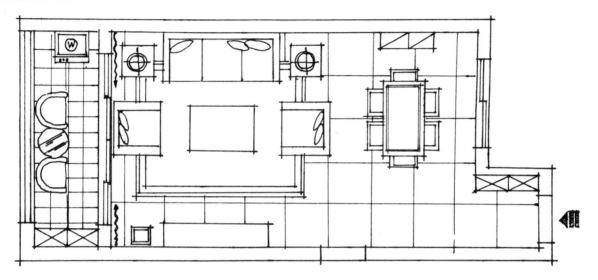

（2）把所有的墙面按照室内的高度整体往上移动，也就是整体外墙的框架就画出来了，而且所有的墙线都消失在同一个灭点上。

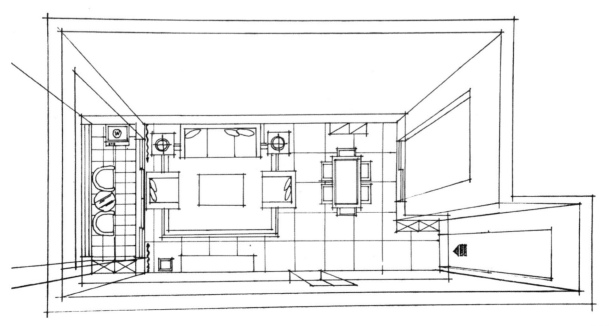

（3）把每个家具的平面像墙体一样拉出高度，每个家具的尺寸要相互进行比较，通过自己的绘画感觉和家具尺寸的基本常识去定。对于手绘的表现图来说，只要抓准基本的形体、结构和比例准确就可以了。

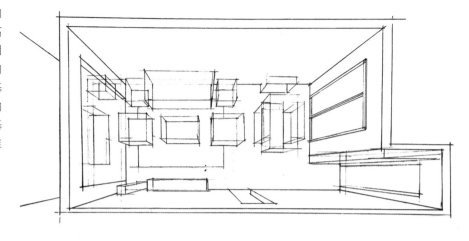

（4）在上一个步骤的基础上，对每个家具的形体进行细致的区分，准确地绘制出其结构和造型，不断地调整画面的整体效果。

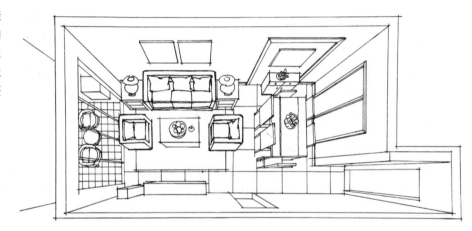

（5）给每个形体加上投影，让每个物体在整个空间中能够更有立体和空间感，尤其是对物体底部的刻画阴影也有虚实关系，要注意把握得当，然后细画每一个物体的细节部分，使整体画面更协调，更有耐人寻味之处，接着加强画面的黑白灰对比，传达出具有强烈视觉冲击力的画面效果。

10.3.2 客餐厅表现二

（1）确定好透视角度，然后拉出室内空间的墙体。此图为三点透视，主要是能够更进一步地描绘出更多、更全面的空间视觉感受。

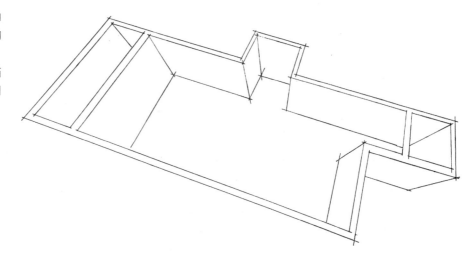

（2）在确定整体墙体区域分隔以后，把所有家具的摆放位置确定好，同时确定出门窗的大小位置。

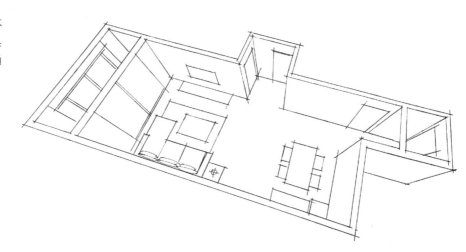

（3）按照家具的基本尺寸画出高度，形成家具空间透视体块。

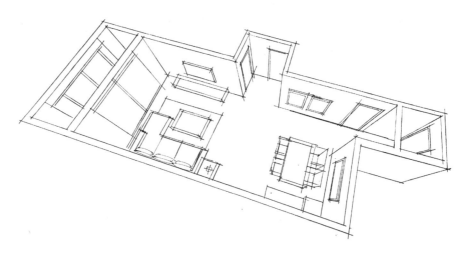

（4）深入刻画出家具及室内装饰品，注意一些形体在产生透视后的变化，比如电视机和艺术挂画的形体变化。

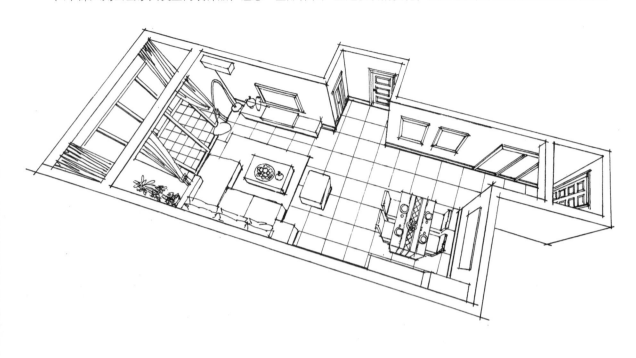

（5）更进一步地对每个物体进行刻画，丰富艺术挂画上面的内容和地面材质的体现，加强光影效果，突出画面的主体和周围的环境关系。

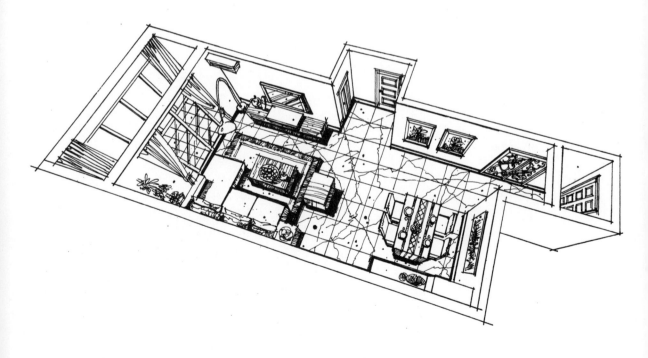

10.3.3 单身公寓表现

（1）先把室内空间的平面按照空间格局和比例关系绘制出来，然后确定地面型材的铺设，接着根据所要表现的重点来确定合适的灭点。

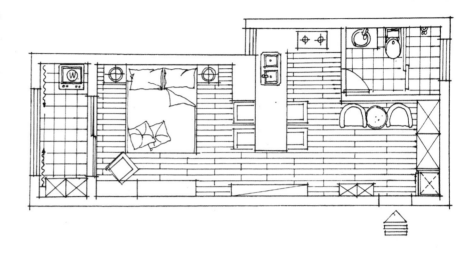

（2）把所有的墙面按照室内的高度整体往上移动，画出整体空间的外墙框架，注意所有的墙线都消失在同一个灭点上。

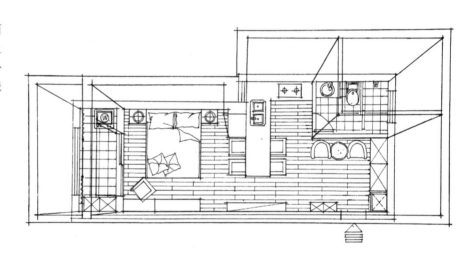

（3）拉出每个家具形体的高度，家具的尺寸要相互进行比较来确定，通过自己的绘画感觉和家具尺寸的基本常识去定。对于手绘的表现图来说，只要抓准基本的形体、结构和比例准确就可以了。

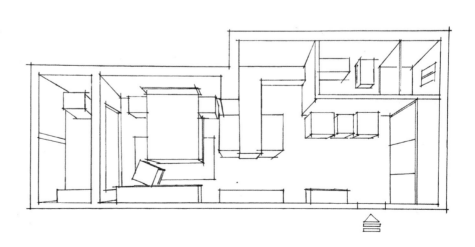

（4）在上一个步骤的基础上，对每个家具的形体进行深入刻画，准确地绘制出其俯视的结构和造型，不断地完善画面的细节效果。

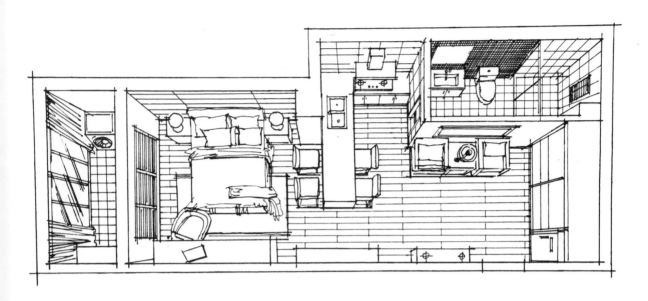

（5）加强物体的阴影关系，让每个物体在整个空间中能够更有立体的空间感，尤其是对物体底部的刻画，对比出物体在画面上的虚实变化，使整体画面更具有层次感，然后加强画面的黑白灰的对比，表现出具有强烈视觉冲击力的画面效果。

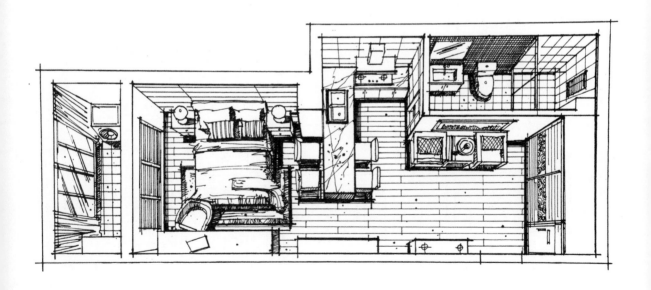

10.3.4 整体室内空间表现

（1）室内全景的表现相对来说比较复杂一些，但是方法和单一空间大致相同，首先找准三点透视的3个灭点的位置，然后按照透视原理拉出所有室内墙体的空间和高度。

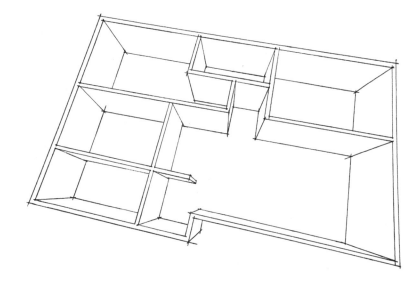

（2）确定每件家具在空间格局中的摆放位置，然后画出其平面图。

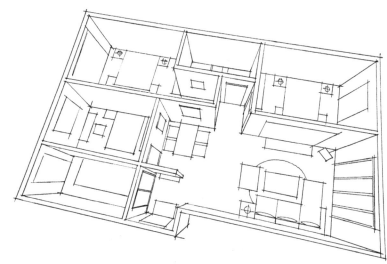

（3）画出所有家具及陈设的尺寸高度，形成家具空间的透视体块。

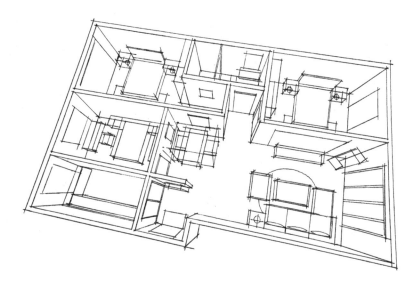

（4）细画出所有家具的造型和结构关系，丰富立面的造型设计和砖材的铺设，添加软装配饰来点缀和活跃室内家居的氛围和艺术效果。

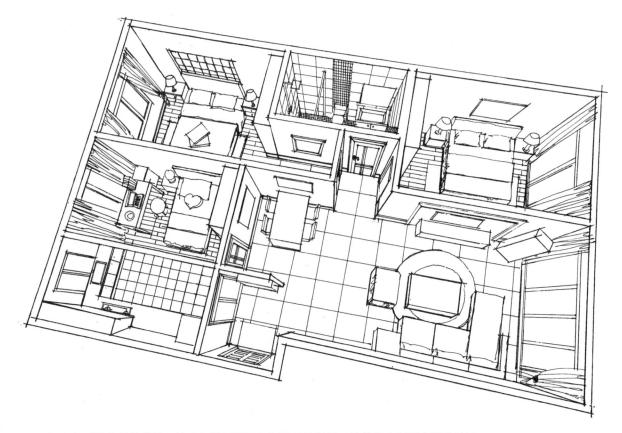

（5）加重墙体的结构线，然后加强画面黑白灰效果的刻画，接着画出画面光影的效果。

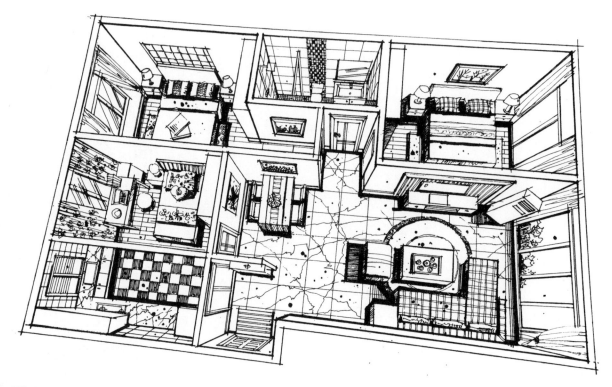

11马克笔表现与透视

11.1 马克笔表现基础

11.1.1 马克笔的种类

一般马克笔的色彩种类较多，通常多达上百种，且色彩的分布按照常用的频度分成几个系列，使用非常方便。尤其他的笔芯一般有粗细多种，还可以根据笔芯的不同形状，画出粗细不同效果的线条来。利用马克笔的各种特点，可以创造出多种风格的室内表现图。

细头形

平口形

圆头形

方尖形

油性马克笔以二甲苯为颜料稀释，有较强的渗透力，具有色彩透明度高，易挥发的特性，尤其适合在光滑的纸张或是复印纸上着色，色彩容易扩散。同时由于油性马克笔具有易挥发的特性，所以一支笔用不了多久就会干涩，那么我们可以注射适当的溶剂即可继续使用。在室内透视图的绘制中，油性的马克笔使用得更为普遍，且容易出效果，所以在本章节内容里着重介绍油性马克笔的技法。

11.1.2 马克笔的使用技巧

1.笔触分类

由于马克笔笔触单调且不便于修改，所以在绘图表现中力求用笔肯定、准确，干净利落，切记拖泥带水，同时用笔要大胆，敢于去画，并要反复进行练习。

马克笔运笔时主要有平铺、叠加、留白和点的组合。下面我们来介绍一下这4种笔触。

平铺

这种笔触是表现过程中最常见的笔触，基本上处于全涂的状态，主要运用到大面积的体块空间里，其笔头与纸张成45°，下笔时力度均匀，一气呵成，平铺时一定要注意讲究线条的粗细变化及运用，避免产生画面呆板现象。

叠加

一幅表现图中如果仅有平铺或者是只有直线条的表现，画面就会显得很僵硬，所以马克笔的颜色是可以叠加的，一般在第一遍色彩还没有干透的情况下进行叠加，这样可以使颜色快速地融合到一起。但是叠加的次数不宜太多，最多不能超过3次以上，避免纸面起毛，甚至会影响颜色的透明性。

留白

马克笔笔触的留白主要是反映物体的光影关系，增强画面的活泼感，如果把整个面都铺得满满的，就会显得闷，死气沉沉。所以在刻画物体的过程中，可以对画面适当进行留白的处理。

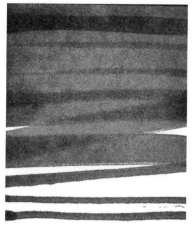

点的组合

点的组合运用讲究用笔灵活，没有很明显的同一个方向感，这种笔法多用于一组笔触运用后的点睛之处，或者是用于表现植物等。

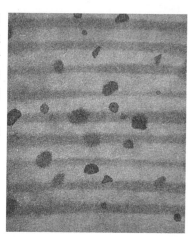

2.马克笔的握笔技巧

垂直握笔法

水平握笔法

3.马克笔的表现要领

第1点：用笔果断，起笔、运笔和收笔的力度要均匀，排线时笔触要尽可能按照形体的结构去走，这样更容易表现形体的结构与透视感。

第2点：用笔用色要进行概括，不拘于细节上的对比，注意笔触之间的排列和衔接，体现笔触本身所带来的美感。

第3点：适当地把画面进行留白处理，千万不可面面俱到，把形体画得过满、过闷。

第4点：注意笔触的综合运用，丰富画面的感觉。

第5点：画面不要过于太灰，要有明确的明暗对比关系，偏重的颜色要利用得当。

4.错误的用笔方法

第1种：起笔和收笔过重，导致两头重，中间轻的笔触。

第2种：有头无尾，收笔太过草率。

第3种：笔头的下部分没有均匀接触到纸面。

第4种：运笔过程中犹豫不决，缺少自信。

5.马克笔渐层法

用同一色系不同明暗值的马克笔3支左右来示范明暗渐变效果的步骤。

第1步：选择同一色系里面最浅的马克笔垂直均匀地平铺一层。

第2步：在最浅的颜色还未干透之前，用再深一点的颜色从左到右进行垂直均匀的平铺，此时会出现很明显的两个色块。

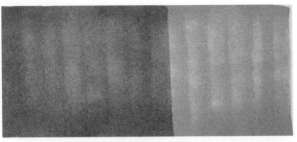

第3步：在第2种颜色还未干透之前，用第1种颜色迅速在两色块之间的交界线上来回叠加几次，使边界的颜色自然过渡。

第4步：用最深的颜色从左到右来回平铺渲染，如需要及时用第2种颜色进行过渡清晰的交界线，直到色彩过渡得有渐变为准。

用渐层法来给右面这组单体组合进行上色。马克笔上色对于初学者来说有点难度，相对来说也比较难把握，它不但要求初学者有较好的色彩学知识和色彩搭配能力，而且需要熟练掌握用笔技巧。不妨先从简单的单体开始练习，在表现上只要刻画出它的本身颜色和材质即可，无需考虑它在场景中的环境色变化，只要表现出它在现实中所呈现的特征的色彩就可以了。

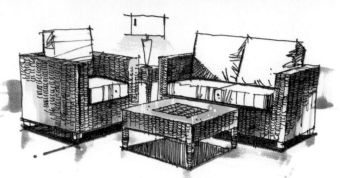

11.1.3 马克笔的色彩表现

在马克笔练习的最初阶段，可以用单色进行表达，这样就不必进行颜色的搭配，只要考虑物体的明暗关系和阴影的层次即可。主要是对用笔的灵活性，笔触之间的连接等方面进行熟练的掌控。

平铺

渐变

1.单色表现立方体光影

马克笔单色表现物体时不需要考虑物体的色彩关系，只要考虑明暗关系就可以，相对来说会比较容易一些。下面我们以立方体为例，画出其明暗关系。

（1）在确定立方体形态的基础上，假设一个光源，并确定光线方向，受光面为亮面，背光面为暗面。

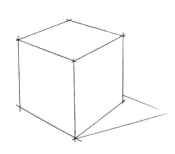

（2）把握光线的方向，找出明暗交界线的位置。

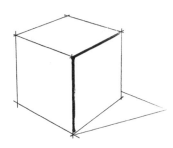

（3）从明暗交界线开始用平铺法来绘制暗面，用粗而平的笔触逐步退晕，注意反光处的控制，不能全部都画满，要留有一定的缝隙透气。

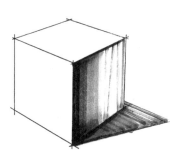

（4）处理暗面与阴影的明暗关系，在明暗表现图中，阴影的刻画是必不可少的。在完成暗面与阴影的表现之后，需要进行对画面的整体调整，直至完成。

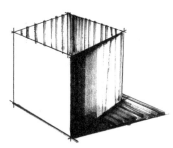
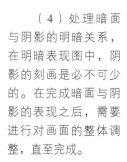

2.单色表现圆柱形光影

在表现圆柱体时，可以把它区分为：亮部、灰部、明暗交接线、暗部、反光及投影。

亮部是接受到光线最强的部位，可以根据物体表面的平滑与粗糙来进行有区分的刻画，在光线特别强的情况下，可以进行留白的处理。

明暗交界线是亮部与暗部之间的衔接处，通常在马克笔表现时是最重的一个部位，也是最该强调的一个部位，用笔上一次颜色不够，可以多次进行叠加处理，但是要注意亮部与暗部的过渡。

灰部远离光源后变弱，可以把它理解为是明暗交界线与亮部的一个过渡面，在马克笔颜色的选用上可以浅于明暗交界线的颜色。

暗部是不接受直射光的，而接受反射光，暗部处理的好坏直接会影响到这个物体的效果。暗部是最为复杂的一个面，因为它受周围环境的影响导致没有一个很明确的色相，所以马克笔表现不到位会感觉到暗部的颜色显得很闷，不透气，而且叠加次数多了就会脏。因此用马克笔刻画暗部的时候，需要看准颜色一笔到位为佳。

反光是得到周围光线的折射所产生，所以它再亮都不能超过亮部，在表现过程中可以适当地作留白处理，可以用彩铅来做调整，或者后期可以用涂改液进行提亮。

投影的处理主要是根据光源和周围环境而定，在表现上要注意前后左右的色彩变化，通过对投影的刻画可以使空间有前后深远的透视效果。

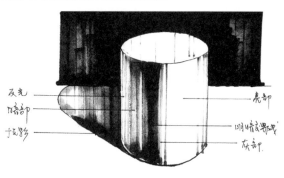

11.2 马克笔表现室内透视空间步骤详解

在手绘表现的选择上，除了黑白线稿，我们通常会为了视觉效果和画面的真实性，给透视线稿进行上色，画出丰富的色彩变化。由于马克笔具有着色简便，绘制速度快且容易出效果等特点，一直成为设计师们的首选表现工具。那么在着色前，首先要考虑到画面的整体色彩关系，比如冷暖关系，黑白灰关系。同时也要注意物体的材质和光感的表现和营造。下面我们举例介绍一些室内实例，运用马克笔、彩铅上色的具体过程来分析。

11.2.1 酒店客房

（1）先画出大面积的地板颜色，按照两点透视的灭点方向进行运笔，第一遍主要以平铺为主，但是要注意笔触之间的衔接与变化。

大面积色块直接用马克笔进行直线平铺，控制好画面的整体色调，运用好马克笔的笔触变化来避免画面的呆板。

用马克笔的细头来画出直线，活跃整个地板色块。

（2）在整个暖色调里面可以适当地加一些冷色调，使整个画面形成冷暖之间的对比，所以将休闲沙发及镜面处理成蓝色调，此时的画面形成了两大色系。在上第1遍颜色的时候可适当选纯度高一点的颜色，根据画面的需要再进行调整。

用马克笔重叠法来表现玻璃或者是镜面的质感。

镜面的表现：选用一只偏蓝灰色的马克笔画出镜面的颜色。待第1遍颜色还未干透的情况下用一只深灰色的马克笔来降低第1遍颜色的纯度，然后运用重叠法来丰富这种微妙的变化效果，注意运笔时要由浅到深。

（3）进一步画出家具的固有色，表现出受光面和背光面，画到一些柔性材质的时候可用叠加笔触来完成。

在沙发亮部的处理上，只要有几笔淡淡的色相即可。

马克笔笔触的排列要按形体透视方向去表现。

受光面不宜用马克笔重复排笔，用笔力度要轻快，一两笔到位就可以了。

（4）继续深入刻画形体，用彩色铅笔过渡色彩的变化关系，加强灯光效果，突出主体，深化形体的投影关系，然后用涂改液提出受光面或者是轮廓线。

运用灰色马克笔加强暗部的明暗对比来丰富层次。

运用彩铅的过渡来体现折射度较高的镜面对环境色的影响。

用彩铅来表现地毯，很容易画出质感。

11.2.2 中式客厅一

（1）用灰色马克笔铺设地面，稳定整个画面，注意用笔要大胆，笔触干净利落，同时强调画面的深远关系。

马克笔线条可以丰富投影的层次与变化。

（2）因为中式的室内设计主要是以木头暖色为主，所以我们选用带木色的马克笔来铺满家具的固有色和背景造型，但是同一材质在空间的处理上要进行适当的区分，以使空间多一些层次关系。

减弱远处的木色浓度可以和近处的木色形成对比，拉深画面的透视感。

运用平铺法来画出物体的固有色，并大致区分出明暗。

（3）通过蓝灰色的地毯和电视屏幕来表现整体空间的冷暖对比关系，使整个空间不会显得特别热闹。每表现一个阶段，都要考虑到画面整体的黑白灰关系。

光的画法可以先留出光照的轮廓，然后用马克笔细心地刻画出光感的强弱变化。

暗部的处理要注意深浅层次，使物体更透气。

（4）运用马克笔和彩铅的结合来刻画重点和细节部分，然后调整画面的整体虚实关系，以及色彩的变化。画面中有些颜色不一定要一次性涂满，可以借用铅笔来过渡，否则画面很容易失去活力，同时在画一些鲜艳的颜色时要谨慎，几笔点到为止，否则画面就会很花哨。

用茶底液画衬布的转折处，增强室内光感。

为了加强明暗对比和丰富层次，可以先用马克笔平铺一遍，然后用彩铅从下向上快速过渡。

部分形体进行留白处理。

11.2.3 中式客厅二

（1）一般在表现中式风格的透视图时，主要以暖木色为主，可以先选用一支暖黄色的马克笔进行大面积的涂色，确定好一个主色调。

用灰调子的马克笔轻轻地画出吊顶面。

上第1遍颜色的时候，装饰化格不需要有太丰富的变化，用一只笔来完成即可。

（2）为了突出家具，可以将地毯和装饰墙面用暖深色来表现，稳住整体画面，不断完善透视图的整体配色。

用叠加笔触从上到下大面积表现墙纸，注意越往下越深。

用画墙纸的颜色平铺地毯，使整个空间的色调更统一。

（3）深入刻画每个物
体的造型和明暗关系，以及
配景的颜色，烘托出室内的
氛围。调整局部与整体的关
系，突出主体家具在画面中
的视觉中心位置。

运用黄色彩铅提亮木色的亮部，增强光
感和深浅关系。

（4）完善和整理画
面的色彩关系和构图的完
整性，用彩铅柔化出物体
的环境色。

墙纸的图案用白色的高光笔，按照图案
的透视变化画出来。

木纹材质的表现可以先用钢笔刻画出丰
富的纹理，然后用马克笔进行渐变上色。

利用涂改液提出高光处，增强画面效果。

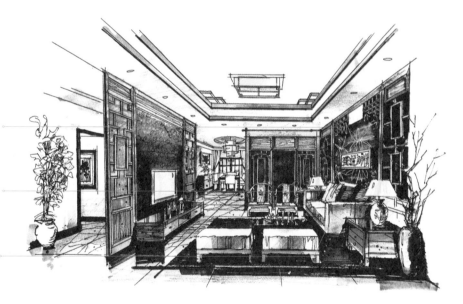

11.2.4 欧式卧室

（1）先用马克笔平
铺大面积的地面，要注意
顺着一点透视的透视方向
进行运笔，笔触要平均、
透气，并注意在运笔过程
中整体地面的虚实变化。

地板的刻画先用马克笔平铺一遍，随着
地面透视方向来运笔，等颜色未干透接
着用稍重一些的颜色对中间部位进行叠
加，使画面更生动，更有变化。

（2）用深灰色的马
克笔对所有的家具进行暗
部的刻画，拉开形体的明
暗与空间关系，此时可以
先不考虑每个物体暗部之
间的变化，后期可以通过
环境色的表现来区分出明
暗变化。

家具暗部的表现一般会做留白处理，以
免整个暗面沉闷，死气沉沉。

上色时随着形体的结构去用笔表现。

（3）运用马克笔绘制出大面积护墙板的固有色，通过颜色的深浅变化来配合空间的深远关系，同时找出小面积的冷色进行对比。

注意家具暗部刻画的层次变化。

（4）深入刻画每个物体的明暗及冷暖关系，加强画面的对比度，然后用彩铅来补充画面的细节部分，要注意整体刻画到位，不要太过于着眼局部而忽视了整体。

通过彩铅来刻画墙纸的细腻质感。

用涂改液点出画面的点睛之笔。

11.2.5 欧式客厅

（1）在用马克笔上色之前，可以用彩铅先进行颜色的搭配，在心里有一个大致的色彩搭配概念，以免出现马克笔画错无法修改的问题，要先寻找一个正确的上色步骤。

光源处用暖黄色的彩铅轻带一遍。

（2）快速表现出透视图的大体色彩关系，并注意同一个色系的颜色区分，然后加强地面的光影关系。

电视屏幕的表现一定要注意其色彩的渐变关系。

竖直线的笔触可以表现出地面的反光与变化。

在暗部投影的处理上，要有丰富的深浅变化关系，使画面更加透气。

（3）深入刻画出每个物体的明暗及色彩冷暖关系，对阴影部分进行强化。

用竖直线的马克笔笔触来体现茶几面光滑的质感，笔触的宽窄及明暗根据周围的陈设物品来决定。

反光的处理在用笔上不宜过多。

沙发的转折处适当留白，更能体现出形体的体积关系。

（4）丰富室内的灯光效果和配景，然后调整画面的整体色彩关系。

用黄色彩铅轻轻地带出室内光感觉。

刻画投影时，要注意物体与投影之间的空间距离，拉开形体与墙面的距离。

利用彩铅来丰富地面的环境色。

11.2.6 整体空间表现一

（1）选用一只灰色
马克笔确定地面的颜色，
可以把每个陈列的家具通
过色彩对比出来。

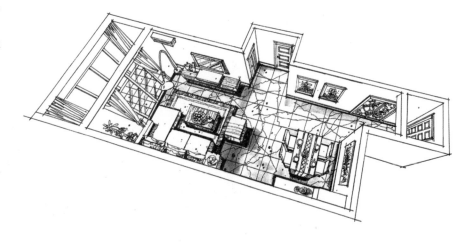

（2）找出画面当中
的木制家具分别铺设其固
有色，同时为了整体画面
的冷暖变化，将地毯和玻
璃材质用蓝色进行表现，
注意由于光线的原因，要
表现出色彩的渐变关系。

通过色彩的深浅变化来体现地毯的明暗
变化。

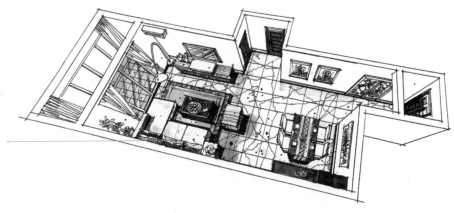

（3）将墙面进行色
彩搭配，使整体画面形成
一种整体关系，用笔可随
意、自由一些。

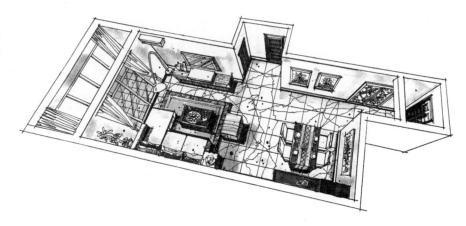

（4）用彩铅将地面进
行暖色处理，加强环境色的
营造，制造出家居温馨感。

通过彩铅来调整画面，增强光感。

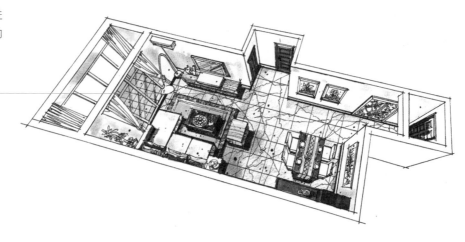

（5）深入刻画物体
的每个细节，尤其在颜色
的对比和材质的刻画上。

用彩铅来过渡门板的色彩渐变关系，使
整个色调更为统一协调。

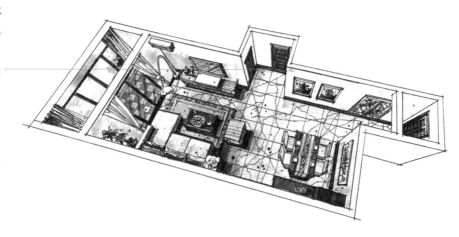

（6）调整画面整体
的虚实关系和色彩的变
化，鲜艳的颜色在整体画
面中要有呼应，在大面积
的地砖刻画上要有其丰富
的自然变化。

用涂改液来勾出地面砖的高光，做出砖
面质感。

用马克笔尖头勾勒出窗帘的暗部。

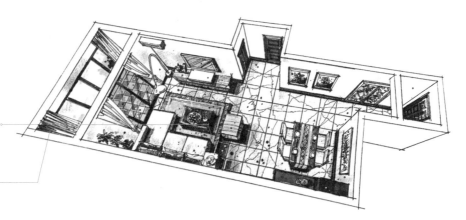

11.2.7 整体空间表现二

（1）鸟瞰图的表现所要传递出来的内容主要是空间的格局，家具的搭配，立面的造型艺术和整体色彩的搭配。在开始表现的时候尽量把物体本身的固有色给表现出来，所以先把大面积的地面材质画出来，确定出它们的色彩关系。

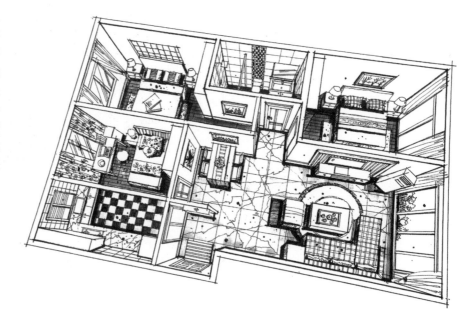

（2）先找出最感兴趣的空间或者是主体物大胆地用马克笔进行表现，在表现时一定要考虑到特殊空间的定位，比如图中的儿童房墙面可以用粉红色进行表现，以体现出该空间的特定效果。

一些较纯的颜色用马克笔简单带几笔即可，然后找出同类色的彩铅过渡其明暗关系。

转折面通过明暗关系进行区分。

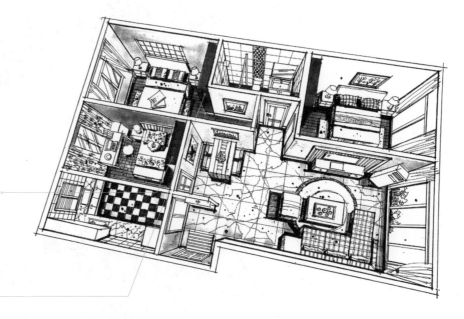

（3）深入刻画出每个空间和物体的明暗及色彩关系，注意物体与物体之间的冷暖和虚实关系。

用马克笔渐层法来表现地毯的明暗层次。

点的组合法可以刻画出变化丰富的马赛克效果。

（4）利用彩铅作细节上的刻画和调整，以衔接整体空间的色彩效果。

利用彩铅来体现出窗户的透明度。

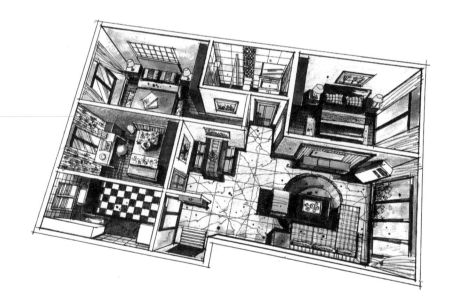

11.3 用马克笔表现室内设计图

马克笔的绘制练习，最终目的就是服务于设计图的表现，由于马克笔具有快速出效果的特点，更有利于设计师创意构思的表达，而且色块对比强烈，具有很强的形式感。接下来我们对室内的平面图、立面图进行马克笔表现。

11.3.1 室内平面图的表现

对于一幅室内平面图而言，虽然不能很完整地表现出透视关系，但是我们所要考虑的内容还是比较复杂的，因为平面图所传达出来的信息是多方面的，比如空间与空间之间的关系，空间与周围环境的关系，空间的动线场景是怎样的，这个是它的最大功能。那么我们将如何给予生动的表现呢？在表现中又要注意哪几个方面呢？

首先，在绘制平面框架和家具陈设时，比例和尺寸一定要精准。其实，平面手绘是设计师在安排功能的区分和整体构思过程的体现，应该从大角度出发，不必要花太多的时间去抠太多的细节，主要考虑的还是空间划分和人流路线等，在这个构思过程中，正确的比例关系要到位。

其次，如果为了丰富整个画面的视觉效果，可以把图中的内容（家具、电器、绿色植物等）进行深入，尤其是对物体材质的表现，应该更到位一些，尤其是大面积的地面是平面图中的主要刻画对象，以免画面产生呆板或者是平淡之感。

再次，为了能突显出空间关系，特别是物体的投影部分是不能忽略的，投影的刻画可以起到光影的投射效果，更能衬托物体，使平面空间看起来有空间高度。

最后，在进行表现时，还要体现出表现图的基本原则，线条的轻重和粗细变化要得当，使平面表现图更显美感和韵律。

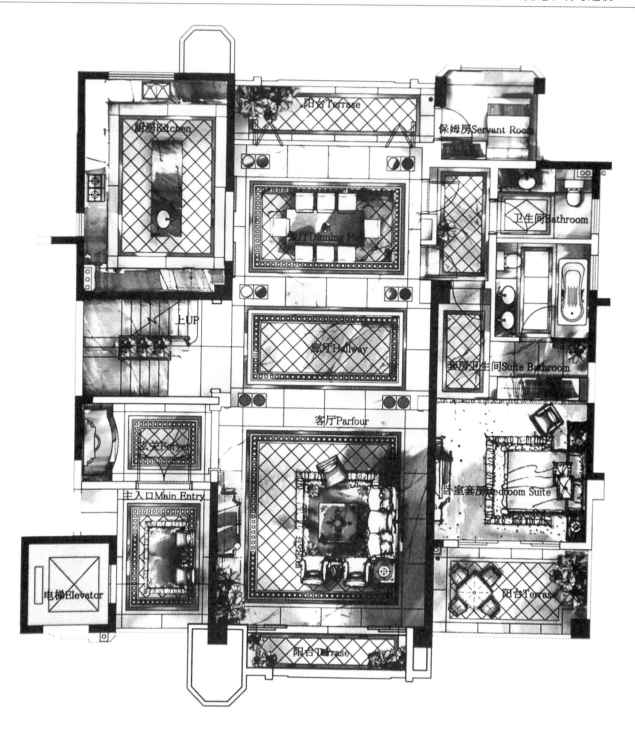

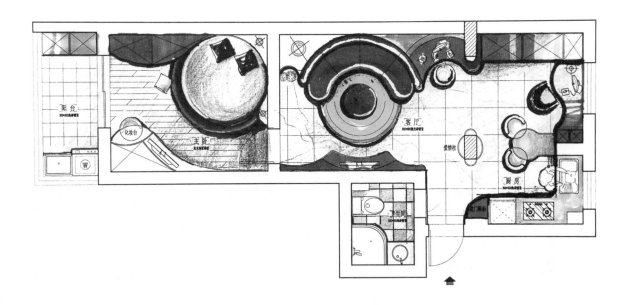

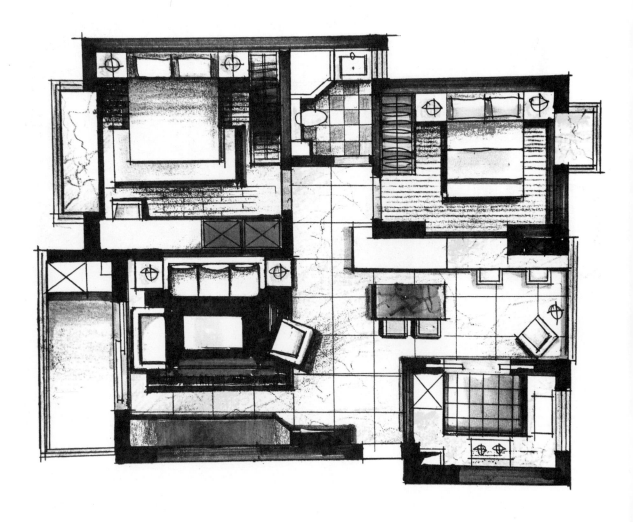

11.3.2 室内立面图的表现

　　在马克笔手绘表现图中，立面的表现应用比较广，且容易出效果，它和平面设计图一样，也能传达设计师的整体设计立意，是室内设计表达基本图样之一，其主要反映立面的造型，材质搭配及色彩运用，最终投入到实际的施工当中去，所以要求我们对立面的尺寸和装饰结构表达必须准确到位。

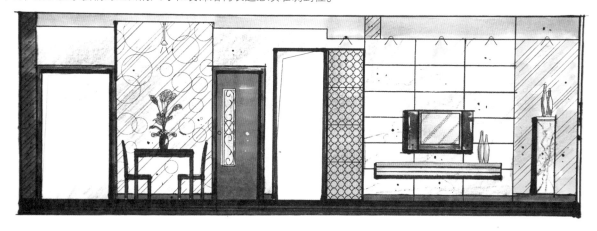

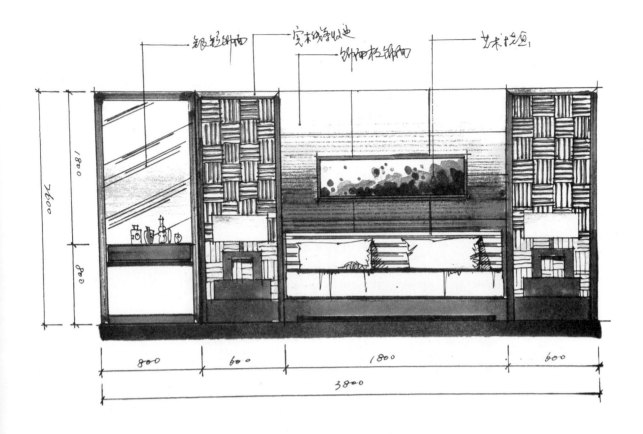

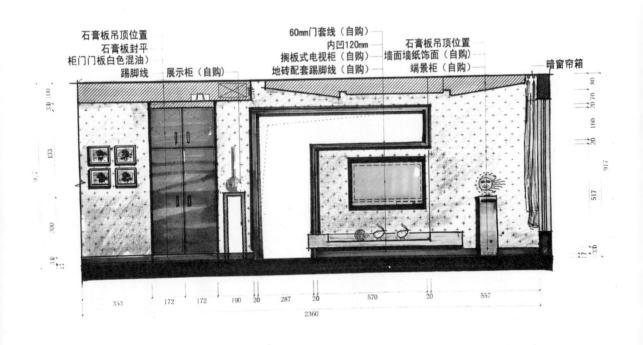

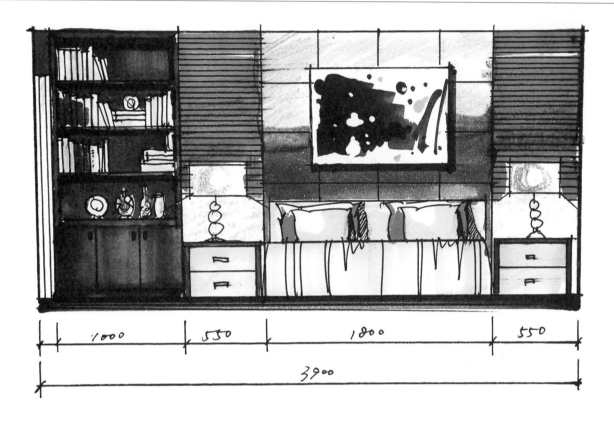

1000 550 1800 550

3900

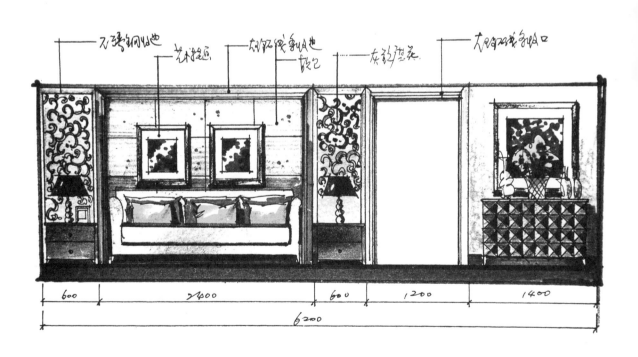

不锈钢饰边 软包墙纸饰面 灰镜壁柜 木饰面线条哑口
艺术挂画 软包

600 2400 600 1200 1400

6200

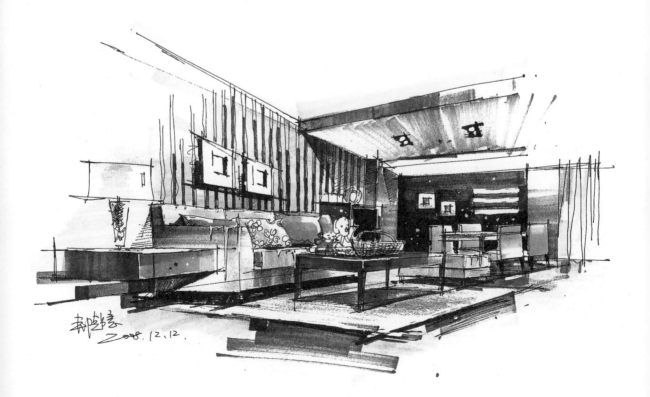